跟法国女人学雅致

[美] 蒂什·杰特 著 · 赵萌萌 译

TISH JETT

Forever CHIC

中信出版社 · CHINACITICPRESS · 北京 ·

图书在版编目（CIP）数据

跟法国女人学雅致 / (美) 杰特著；赵萌萌译. -- 北京：中信出版社，2014.10
书名原文：Forever Chic
ISBN 978-7-5086-4732-6
I.法… II. ①杰… ②赵… III. ①女性－美容－基本知识②女性－化妆－基本知识③女性－服饰美学－基本知识 IV. ①TS974.1 ②TS976.4

中国版本图书馆CIP数据核字(2014)第182689号

跟法国女人学雅致

著　者：[美] 蒂什·杰特
译　者：赵萌萌
策划推广：中信出版社（China CITIC Press）
出版发行：中信出版集团股份有限公司
（北京市朝阳区惠新东街甲4号富盛大厦2座　邮编100029）
（CITIC Publishing Group）
承 印 者：北京昊天国彩印刷有限公司

开　本：880mm × 1230mm　1/32
印　张：7.25　　字　数：139千字
版　次：2014年10月第1版　　印　次：2014年10月第1次印刷
京权图字：01-2013-8887　　广告经营许可证：京朝工商广字第8087号
书　号：ISBN 978-7-5086-4732-6/G · 1151
定　价：38. 00元

服务热线：010-84849555　　服务传真：010-84849000
投稿邮箱：author@citicpub.com

感谢亚历山大和安德烈娅。

永远爱你们。

目 录

序言：探寻保持永恒美丽的秘密 / *12*

第一章： 法国女人的魅力 / *16*

法国女人为何如此特别？ / *18*

法国女人眼中的美 / *19*

自律让我们更自由 / *21*

记住，没有一个人是隐形的 / *24*

魔法公式：努力 + 自律 = 丰厚回报 / *25*

那些法国女人更耐人寻味 / *27*

将自己放在第一位 / *30*

第二章：肌肤保养 / 32

法式梳洗礼赞 / 33

将护肤变成日常习惯 / 34

法国女人都有一个皮肤科医生 / 35

与时间的对抗：抗衰老产品 / 38

从内而外地护理 / 44

睡不好，就成不了美人 / 46

法国女人的季节性护肤秘诀 / 46

小投资就能获得惊喜 / 48

这些都不可以做！ / 49

护肤的乐趣和益处 / 51

什么时候明白都不算早！ / 55

和专家学来的小窍门 / 56

身体美容与修复 / 58

女人的手犹如一面镜子 / 64

足部清洁与护理 / 67

第三章：化妆 / 70

化妆品空前繁多，减法尤为重要 / 71

自然美的技巧 / 72

零瑕疵的肌肤 / 74

法国女人的日常妆 / 76

打破规则，标新立异 / 85

香水 / 88

第四章：发型规则：没有，没有，绝对没有 / 94

发型、发色、头发护理 / 95

剪短还是不剪：这不再是一个问题 / 97

发型没有规则 / 99

发色难题 / 101

金色、浅黑色、红色…… / 102

灰色头发：一个“明智的”选择 / 103

修护和保养 / 106

第五章：饮食方式 / *110*

吃得好的艺术 / *111*

健康饮食方法 / *112*

这么吃才苗条 / *113*

注意 / *117*

正念饮食 / *119*

食物即庆典 / *121*

第六章：需要运动吗？当然！ / *128*

法国女人的运动要义：享受健身 / *129*

第七章：解决衣橱难题 / 140

开创素净色领域 / 141

保持好姿势 / 143

重新思考，再次拒绝，重新塑造 / 144

素净之美 / 150

着装风格——穿出你的生活方式 / 153

增加你的色彩 / 155

三个问题 / 156

适合最重要 / 158

重新改造、扩展延伸、精彩展示 / 159

时尚，但原汁原味儿 / 159

如何穿出法式风情 / 165

与购物顾问待一天 / 169

第八章：配饰：不可或缺 / 174

每个女人的必备配饰 / 175

帽子 / 181

包 / 182

鞋子 / 184

珠宝 / 186

腰带 / 190

围巾、纱巾、披肩 / 190

贴身衣物 / 192

指甲和指甲油 / 196

第九章：永远雅致：源自对自身修养的要求 / *198*

魅力、优雅、平和、机智相伴一生 / *199*

美丽之根本 / *200*

法国的沙龙文化 / *202*

社交的力量 / *203*

魅力的无穷力量 / *209*

后记：蜕变 / *212*

半成品 / *212*

那么，什么才是美丽的终极秘诀？ / *220*

鸣谢 / *222*

序 言

PREFACE

探寻保持永恒美丽的秘密

“我们的计划是这样的，”我跟我8岁的女儿安德烈娅说：“我们要去法国住两年！”我即将成为《国际先驱论坛报》[1]的时尚编辑，这是我梦寐以求的工作。

“我可不想去。”安德烈娅说。

“可是这是好事啊！”我解释道，声音激动得几乎颤抖起来。“你将学习法语，拥有一段非同寻常的人生经历！可以养一只法国猫！将来你会感激我的。”

我们的家庭还没步入民主时代，安德烈娅不得不与纽约贝德福

① 《国际先驱论坛报》(*International Herald Tribune*)现已更名为《国际纽约时报》(*International New York Times*)。——编者注

德的伙伴们告别。在将我们的三只大狗交给当地的动物保护协会后，我们登上了航班，从此开启了美妙非凡的法国之旅。

有时精心计划会得到比预期更好的结果，正如有时我们为了工作而远迁他地、为了爱情而驻足安居。我这次就收获了双赢的结果——我在一个美好的法式晚宴上遇到了我的今生挚爱。女主人考虑得很是周到，邀请了一位魅力四射的单身法国男士，还说着一口流利的英语。那口流利的英语起到了关键作用，因为当我遇到这位男士时（他后来成了我的丈夫，那个让我有充分的理由留在法国的人），我掌握的法语词汇最多不超过20个，而且基本不会用动词串联起完整的句子。

那已经是25年前的事了。

几十年弹指一挥间，真没想到我这么快就从30多岁变成想都不敢想的中年女人。

我完全没想到这个年龄会给我的魅力加分：女人到了一定的年纪在法国人眼中是迷人、神秘而又性感的。

这也就是为何我真切地感受到我简直生活在女人的天堂。

早先，我就意识到这是一个千载难逢的机会，可以在与大师接触的过程中向她们学习始终保持优雅的艺术。

于是我开始从我的偶像身上探寻。她们在老去的过程中似乎能保持始终如一的优雅与个人风格，而且从不因光阴的流逝而烦忧，她们只是一心想着展示自己最美的一面，同时照顾好自己，也就是吃得好、关注体重、少喝酒、常锻炼、用心生活，并热情地赞美生活。

外在与内在究竟孰重孰轻，在经历了一番内心斗争后我认识到它们是密不可分的。这也就是法国人所谓的bien-être（幸福），如果将意思完整地翻译过来就是创造一种和谐的生活。于是我得出结论：每天花15到20分钟，让自己做好充分的准备迎接新的一天，是绝对值得的。

我学到的第一课就是理解那句箴言：展示自己的美丽是对时间最好的报复。保持美丽与年龄无关，但与自尊及内心愉悦有关。

当外在的美精致到位，女人就会变得自信，又有什么比自信更令女人具有吸引力的呢？人们欣羡不同年龄的法国女人展现出的那种颇具传奇色彩的沉稳与洒脱。单单是她们身上的这些特质，就能使最简单的服饰转变为仿佛是无心之举的潮流时尚，既无一丝矫揉造作之意，也全无有意为之的僵硬感。人们完全感觉不到她们在外表上投入了多少精力，尽管有时她们确实需要这么做。

还有一点让法国女人的形象平添了几分励志色彩。虽然需要经常修饰、悉心呵护和改善自己的外表，但这并不会影响她们在工作上全力以赴，努力提高内在修养。外在，纵然已化为法国女人个性中的有机组成部分，却远非全部。

法国女人聪慧有魅力，阅历丰富，再加上那份优雅，俨然一杯透着浓郁女人味儿的魅惑鸡尾酒。

试想一个女性，读着新出版的书籍、观看最近上映的国际大片、参观前沿的展览，又能在谈话中不时加入些逸闻趣事，真的让人难以抗拒，不是吗？

或许在人生的不同阶段都保持魅力是一门艺术，但这却是一门每个女人都可以学习的艺术。我也在学习的过程中。在本书中，我愿与大家分享我所知道的一切。

可是，如果我们已经把40岁的站台甩到了身后，而这趟时间列车反而再次加速向前，你在车上该如何是好？ C'est la vie（放松吧，这就是生活）。

这种生活与年龄无关，法国女人很清楚这一点。过美丽的生活与时尚、简单、智慧和宽容有关，是现实主义和joie de vivre（乐活）的绝妙融合。生活总是错综复杂的（不得不以现实主义应对），但这不应妨碍我们欣赏和赞美生活。

《跟法国女人学雅致》是献给年过40的姐妹们的礼物，这是一本有关如何穿戴、如何让时尚为我所用、如何保持愉快的详尽指南，而且书中所述的每一个技巧、秘诀、产品、原则、小建议以及衣柜打理妙方，都经过某个人，也就是我的亲身检验。

我相信这本书会使你重新审视年龄、美丽、幸福以及时尚这些概念。我们将共同踏上一段文化交流之旅，去拜访我的精致生活的大师——从法国女人身上探寻保持永恒美丽的秘密。

欢迎走进我的世界，在享受生命的旅途中感谢您与我同行。

1

法国女人的魅力

当人们问我（总也逃不掉的问题）：为什么似乎所有法国女人都能保持时尚和美丽，其中的秘密究竟是什么？我总会赞叹着回答：“这是当然的呀！”

在浸淫法国文化20多年之后，我已经明白为什么法国女人似乎一生都能超越年龄，让自己显得年轻、有活力而又时尚，当然我也偷偷（见笑了，情不自禁啊）学来了一些技巧。

不得不承认，我对这个问题的探寻几乎到了着迷的程度，在花费了大量时间做了大量研究之后，我终于明白了那句法语je ne sais quoi（不可言说）的内涵，人们常用它来解释法国女人拥有而我们通常缺失的那种风韵。不过我向你保证，你很快也可以拥有。往下看吧。

法国女人为何如此特别？

我研究中年法国女人的目的不是为了厚此薄彼，用我们的平庸衬托法国女人的别致，但多年理性而又真切的近距离观察使我不得不承认，大多数情况下，法国女人都比我们看起来略胜一筹。

让我来逐一细说。法国女人的长相未必就显得年轻，但她们总能展现自己更时尚、优雅且保养周到的一面，因而也就显得比实际年龄年轻。她们好像不费吹灰之力就能做到这一点，同时在一颦一笑的举手投足中自得其乐。

自信的光环对于法国女人风韵的贡献功不可没，但我们大部分人都容易忽视的是，实用主义心态也是一个关键因素。法国女人是不折不扣的现实主义者，她们的所有选择和行为都贯穿着现实主义。她们接受充满变数的生活，相信机会与危机并存，因而必须内外兼修，做好充分的准备。

实用主义天性赋予了她们出众的适应能力，同时也让她们得以保持灵活开放的心态。成长的过程并不是一帆风顺的，但法国女人能够预见困难并做好准备。“王子与公主接吻后一劳永逸的幸福”在现实世界中是不存在的，但美丽、物质、愉悦、修养以及适应和接受这些现实的能力却可以创造一个美满丰富的人生。

法国女人崇尚简洁之美。她们懂得，奢华的精髓在于质量而非数量，这是颠扑不破的真理。她们已建立起自己独有的风格，练就了犀利的眼光，对于究竟什么适合自己的个性、体形，哪些能彰显自身特质都已是胸有成竹。随着韶光流逝，她们会调整修饰自己的容貌，让自己显得从容自若、独具个性，而那种独特的优雅具有穿透时间的力量。

我时常回想起多年前对巴黎装饰艺术博物馆（Musée des Arts Décoratifs）馆长进行的采访。我问他，法国文化获得如此广泛的尊重，原因是什么。他认为法国人的生活之所以处处散发着内在的优雅与时尚气息是“几个世纪耳濡目染无所不在的美的自然结果，建筑、服装、食品等皆如此”。

对赏心悦目的文化的赞颂和近乎无意识的吸收——我认为他的观点极有见地。法国女人凝聚了法国丰富文化的精粹，是法国传统、法式优雅和生活艺术的真正继承者。我可以证实：随着时间的流逝她们变得越发迷人，那份由内而外的活力与魅力都有增无减。

法国女人眼中的美

像凯瑟琳·德纳芙(Catherine Deneuve)这样的大美人在法国女人中也是凤毛麟角的。看看伊娜·德拉弗拉桑热(Inès de la Fressange)就知道了。她就是一个极具代表性的例子。她是一个传统的美女吗？不算是吧。（她传达了一种全世界最重要的驻颜秘方——微笑。我所见过的她的每张照片都洋溢着明媚的微笑。）

法国女人所追求的是做真实的自己，这也在一定程度上解释了为何她们眼中的美是不受年龄影响的。对于一种自主定义美的文化而言，能够做到忽略年龄的消极内涵也在情理之中。在我看来，法国女人已经把握了衰老和美的精髓，为它们注入了全新的意义。不论是男人女人，都可以自由表达自己对美的理解。法国女人并不惧怕生日的到来，她们会用这一天来赞颂像旅行又像冒险般的美好生活，或借这个机会出去购物、做一次美容、再精心打扮一番、参加生日宴会。

采访在法国和伦敦行医的整形外科明星医生尚·路易·赛贝格（Jean-Louis Sebagh）时，我曾问他法国女人是否做拉皮除皱手术。“她们当然会做，”他给了肯定的答复，但又补充说：“她们不要任何刻意为之的成分，她们想要显得自然。”

自然：法国女人几乎在生活的各个方面所追求的都是自然，虽然达到这一目的可能需要一些非自然因素的干涉。

根据我的观察，法国人从不会为年龄而感到困扰。法国女人只是希望展现自己年龄最美的一面，而且对这项任务乐此不疲。一些人做了拉皮除皱手术，我看到很多人坐在我的皮肤科医生办公室的等候室内，与做过美容“微调”的法国大牌电影明星并排坐着。没有一个人是为了彻底改变形象来看皮肤科医生或整形外科医生的。基本上她们都挺喜欢自己的，或者她们已经学会接受自己以及充分利用自己特有的自然资源。

我很少听到朋友抱怨时光流逝，除非是开玩笑。或许他们会简单提到扎那条最喜欢的皮带时不得不松一两个扣，或扎得低一点（但却丢不得）。很多人选择自然的方法：调理饮食（这是他们一生努力的方向）、关注体重、坚持锻炼，而不借助于针或手术刀。大家聚在一起时会讨论自己喜爱的面霜，要不要剪短发，早餐吃猕猴桃的益处……这期间还会跳跃到完全不相关的话题：正在阅读的书籍，谁参观了最近的艺术展览，政治初选的最新趋势，最新的插花应用。她们不仅关注外在时尚，也重视内在修养。

法国女人求知欲很强，并不是她们喜欢突发奇想或异想天开，而是大多数时候她们都显得学识丰富而又活力四射。这正是她们的魅力所在。她们会发表自己的观点，而且极有见地，尤其喜欢激烈却不激进的辩论。她们是调情的高手。无害的打情骂俏、激发火花的对话以及妩媚都是她们的利器，也是保持年轻经久不衰的妙方。

我们时常会忘记（媒体也在助推这种遗忘）：美丽、时尚、性感、宽容、智慧和魅力并没有截止日期。像法国女人那样，我们要让自己怀揣着这份信念并做出实际行动。

自律让我们更自由

我和朋友在细细品味着香槟或茶（依时间而定）的时候，会笑着感慨自己在年轻的时候只顾着快活，并未意识到彼时的一切都是那么简单。胡吃海喝，要记着涂防晒霜啊，不要再吃这个了，好吧，再喝一杯葡萄酒，要喝完那杯水，没什么大不了的，就再来块巧克力吧，减轻几磅体重……

我们都认同，训练方法是一样的，只是有一些额外的要求，但随着这些原则的累积，荷尔蒙和生活向我们抛出一个个挑战，困难因素也在增加。我采访过的一个营养学家指出，要在更年期保持体重稳定，每天的饮食就要少摄入250卡路里。

法国女人会为这些琐事儿烦忧吗？她们可不会。那么细节就变得更为重要了，但这并不会削减她们对穿衣打扮和外出的兴趣。她们一直在实际生活中训练自己。那为何现在停下来呢？这都源于自律。自律是建立优雅生活的基础，它既不负面也不令人生厌。自律意味着自由，它会赋予女人（尽管命运无法抗拒）掌控自己生活的能力。

The Real

真正的
青春之源

很多年来，我都在我们村子附近的城镇教授高级英语对话课，这是成人教育计划的一部分。这些课程让我感觉自己进一步融入了法国社会。我的学生年龄跨度从44岁到75岁不等。你可能已经猜到，没错，她们就是我的非科学调查的最佳研究对象，我经常会将调查报告发布到博客上，而她们就是其中的主角。

鉴于这一章的主题，我决定询问她们，是什么让她们保持年轻。这是她们给出的答案，没有按顺序编排：

- 旅游
- 各种课程，从绘画、计算机到高尔夫和瑜伽，当然还有英语课
- 博物馆一年制会员
- 儿孙满堂
- 宴请友朋
- 清新的空气和远足
- 吃很多水果和蔬菜（一些人家有专门的菜园，像我们家。毕竟我们住在乡村）
- 做爱

你会发现，没有一个人提到最喜欢的面霜或美容秘籍。

法国女人并不认为照顾自己是一种负担，她们悉心呵护装扮外表的同时从来不忘学习、积累知识与探索生活。彻彻底底的法国化，完完全全可以实现。但对我们而言，达到最佳状态往往是一个令人望而生畏的负担。我们感受不到其中的愉悦。在法国的生活经历和对朋友熟人的观察，让我这个美国人发现这很容易做到，确实如此。

趣味性：说真的，在做过足疗、美容、很棒的剪发后，当你穿着高档内衣、喷洒了你最爱的香水后，你难道没有感觉妙不可言吗？法国女人对这一点已经认识得深入骨髓了。照顾自己会让我们建立那种法国女人身上让人欣羡的自信。

可能你要问："这不是需要花费大量时间吗？我能处理好生活中的这项新任务吗？"确实如此。刚开始，在你将这些新仪式融入你的日常生活并成为习惯之前，你都得拿出额外的时间。我还是建议你将"任务"换成"快乐"，为什么不将对自己好一点儿看作自己应得的呢？学会法国人的思维方式吧。

回报是立竿见影的，一点儿不假。一个月后你的皮肤就会显得年轻，无可挑剔的发型会为你节省每天每周打理的麻烦。将衣柜整理得实用而又整洁，就会免去慌乱，也会为你带来更多自信。

法国女人讲究饮食，很少喝酒，每天留出必要的时间进行严肃的梳妆仪式，清洗皮肤、头发，并进行身体护理。与每天早晨轻松愉快（浅施粉黛）的化妆相比，皮肤保养并不是可有可无的杂务。这些每日护理必不可少，它们是为新的一天注入正能量的积极因素。这是女人对自己的投资，也是她能做的最好的投资，回报将会在未来不期而至。

记住，没有一个人是隐形的

第一步是做出决定：是的，我很忙。生活让我应接不暇。我有极其重要的事情要完成。坦白说，永远有做不完的事。但在匆忙的生活中，如果真的想抽出身来审视一下自己的天然资源的话，总能找到时间。我已经学会了像法国女人那样把自己排在优先列表中。这不是自私，而是聪明。

“穿着这件邋遢的旧运动衫和人字拖，素面朝天到商店去也没什么大不了”，法国女人绝不会这么想。她知道自己不是隐形人，她不会在意是否看到熟人。因为她们有很强的自尊心，对外表全然不在乎是做不到的。我认识的一个女人曾告诉我，如果没化妆的话，她是不会为水表抄表工开门的。她说：“他还会再来的。”

> “我真的不能理解一个不打扮一下就出门的女人，即便是出于礼貌也不应如此。谁知道哪一天命运之神会眷顾我们呢？当然要以最美的一面来迎接命运之神了。”
>
> ——可可·香奈儿

可可·香奈儿曾说：“我真的不能理解一个不打扮一下就出门的女人，即便是出于礼貌也不应如此。谁知道哪一天命运之神会眷顾我们呢？当然要以最美的一面来迎接命运之神了。”确实如此。

虽然我们谈论的是打造近乎完美的外表，但没有一个心理正常的法国女人会问自己的丈夫或伴侣，他是不是觉得她的臀部很大或他是否注意到她的体重增加了。我最要好的法国朋友安妮·弗朗索瓦丝曾说：“你为什么要谈论那些负面信息呢？特别是当没有一个人注意到这些的时候。这不是疯了吗？”

“我年轻的时候，曾穿着比基尼内裤和薄而透明的丝绸胸罩在我丈夫面前跑来跑去，因为一切都很完美，”她告诉我，“现在，虽然我很苗条，生育了6个孩子，但过了这么多年，一切都没有原来那样漂亮了。我当然不会对我丈夫指出这一点。现在我只是改变了装扮：丝绸吊带、宽短裤、敞口松垂的和服睡袍，因为我的腿很美，中跟的平底拖鞋可以让我显得更修长。他会认为我只是改变了习惯。除非是脑子进水，有哪个女人会让他生命中的那个男人认为她在隐藏一些缺点呢？”

法国女人知道自己的优势，也会隐藏自己的缺陷，但几乎从来不会（除非是闺密）谈论她的恐惧、失败或缺点。美国人则喜欢过早地告诉人们一切，可能是希望赢得好感吧。有时我们会因自己的轻率和缺乏克制而后悔。法国女人对于是否被别人喜欢并不那么在意，她们懂得一点儿神秘感会为自己的魅力加分。

魔法公式：努力+自律=丰厚回报

我想如果有人问我：“你在与朋友交往和观察法国女人的过程中所获得的最重要的感悟是什么？”我通常会回答：“极细微的努力也会带来丰厚的回报，不论是每天精心摆放餐桌，还是起床、打扮，出去迎接新的一天的挑战。”

我的朋友安妮·弗朗索瓦丝，作为6个孩子的母亲、12个孙辈的祖母（外祖母）、室内设计师、出色的女主人、两个大家庭的主妇，曾告诉我她很懒，所以喜欢井井有条。她说："如果我生活在一团乱麻中，什么事情都做不成。"

我有时会打开她的亚麻壁橱和橱柜，希望获得一些启发。一切都摆放得秩序井然，不管是从条理还是美学角度来看：架子上铺着漂亮的纸，薰衣草香袋依偎在熨烫平整的亚麻床单旁，是祖母留下来的，她都保存好多年了，仍然完好如初。

"是的，我是一个有条理的人，我想这意味着我也是一个自律的人，但对我来说，那是不浪费时间的唯一办法，我可以利用这些时间追求我喜欢做的事情。"她解释说："比如说，我享受阅读的时光，也喜欢做美容或喝茶并和你闲聊。"

安妮·弗朗索瓦丝使一切看起来都轻而易举，不论是出席宴会还是穿衣打扮。

她能完美地完成这些任务，是因为所有准备工作都已经到位。

她仍旧可以轻松地穿上过去的大部分衣服，那些因精心护理而保存长久的亚麻并非是个例，她的衣柜也是这样。她曾告诉我："我会精心照料我的衣服。我尊重它们，因为它们让我不管看起来还是感觉起来都很棒，其中一些衣服非常昂贵。20世纪60年代和70年代的几件显得过于稚嫩了，我虽然想看起来年轻些，但也不能冒傻气，我把它们送给女儿了，但我的衬衫式连衣裙、短裙还有一些夹克和长裙，我都已经穿了30多年了。尽管我尽力保持稳定的体重，身体还是发生了一些变化，因此我会请女裁缝做些修剪，或者干脆换一种穿衣方式。如果衬衫式连衣裙腰部的纽扣系不上了，就干脆把它当作一个轻质外套，配上T恤衫和牛仔裤。”

我曾经看她穿过一件浅蓝色的牛仔衬衫式连衣裙，就是这样的搭配，非常棒。

法国女人的自律已经远远超出了物质的范畴。这是她们生存的指导原则，是她们继承的传统，她们也会传承给自己的孩子。自律并不妨碍偶尔的异想天开。即便是最自律的法国女人有时也会不按规则行事。还记得那句著名的法国式表达joie de vivre（乐活）吗？如果不允许品尝巧克力蛋糕和香槟，怎么能体验到生活的乐趣呢？的确如此。

那些法国女人更耐人寻味

最近在与朋友聚餐时，那次聚会的组织者马雷夏尔与我讨论年龄、美貌、魅力、苏格拉底（我敢发誓）、性还有政治（一般法国聚会的典型餐桌话题）。他说他宁愿坐在一个优雅活泼又吸引人的80岁老女人身旁，也不愿意跟一个漂亮的没有话题的25岁女孩子坐在一起。

“我要的是享受与女人在一起的乐趣，听她们的经历，看到她们眼中的激情，”他说，“一个了无生趣的年轻美人会让我感到乏味。年龄这件事，我搞不懂。年龄实际上并不那么重要。”

我在法国生活的理由很快就得到了他的认同。（我就坐在他的对面。）

Ten Secrets to

10个秘诀
如何保持永远别致？

我们都喜欢指南，这10个规则会在不知不觉中为你带来明显的改变：你会看起来更年轻更时尚，感觉更自信，这些都会让你显得更美。两者构成一个良性的无限循环。

1.姿势 不论是站着、走路还是坐着，始终注意抬头、肩向后收。（身体形成完美的曲线，使穿衣效果更好，不论是在身体上还是心理上都会产生神奇的效果。试试就知道了。）

2.足够即好 自然应成为你的审美法则。最少的妆容，随身体运动而摆动的头发，浓妆艳抹只会加重冷涩的气氛。（服装首饰的搭配也是如此，过于烦琐的装饰只会让你看起来古板过时。）

3.保养 为个人护理预留时间和预算金额。这是你应得的，因为最好的投资方式是投资自己。没有人比法国女人更清楚这一点了。（记住：这是一条投资建议，不是一次负疚之旅，不要亏欠自己。）

4.放下包袱 学会将负能量转变为一种财富。向前走。不要为此焦虑。我们都是成年人了，为琐事忧虑只会平添皱纹。

5.你是独一无二的 放大积极的一面。没有缺陷，只有不同；不同意味着个性，一种风格。这就是你。

6.每天都是一场盛典 这是法国女人的生活准则。起床、梳妆、出门。不要亏欠自己，满足你的自尊心，也不要让你的观众失望，不论你是否认识他们。（回报是丰厚的，拭目以待吧。）

7.友善 不论与任何人相处，家人、朋友或是陌生人，始终保持平和礼貌。这或许是陈词滥调，但微笑永远是世间最好的拉皮除皱手术。我从未发现法国女人吝啬于微笑。当前她们尤其热衷于牙齿美白这一美式美容秘方。

8.流动的诗篇 大步走、有目的地漫步，步履中加入些弹性。在行走间散发优雅与活力。没必要趾高气扬地踩着细高跟鞋，芭蕾平底鞋看起来一样时尚而年轻，并有过之而无不及。

9.沁人心脾 绝不要忘了喷一下或洒几滴香水。不论远近都令人陶醉。香水并非特殊场合的奢侈，它传达的是个性。

10.假装，直到你成为那样 每个人究竟有多自信？没人清楚。采用这一方法，让你的活力与自信喷射而出吧。这是年轻与美丽的终极秘籍。（此法则已经过我亲自尝试、试验、验证。）

长久以来，法国人为拥有独特气质、超越年龄与美的“标准”的女人起了各种名号。例如，“魔鬼丽人”总是被用来形容美艳的碧姬·芭铎。它表达的是一种如花火般的美，韶华美貌倏忽之间燃尽，“嗖”的一下消失得无影无踪。

还有具有与众不同的气质但并不漂亮的女人，像著名社交名媛雅克利琳·德里贝斯（Jacqueline de Ribes）。归于这一类别的女性还有很多很多，包括伊迪丝·琵雅芙（Édith Piaf）、科莱特（Colette）、乔治·桑（George Sand）、夏洛特·甘斯布（Charlotte Gainsbourg）和她的同母异父的妹妹露·杜瓦隆（Lou Doillon）。大部分人会不约而同地将可可·香奈儿归于这一队列。这些女性与社会的审美标准相去甚远，但充满情趣，令人回味无穷。

每个人都打造了自己的独特形象（甘斯布和杜瓦隆还在不断探索）。没有一个人尝试将自己塞进某种青春或美丽偶像的模子。不论是身体上还是心理上，她们都享受“做自己”的怡然自得。

这些女性为美做了全新的注解。法语中的一个词语用在这里极为合适：bluffant。bluffant的字面意思是故作深沉，但其内涵是积极的，也可用来表示“神秘的”“绝妙的”或“过目不忘的”。它完美地阐释了这些女性，她们拥有独一无二的个人风格。有趣和奇妙这类形容词经常用来形容她们，她们比那些普通的庸俗乏味的“漂亮”女人更有趣也更耐看，后者无知地误认为漂亮的外表就是一个女人需要的所有装备。绝非如此，法国女孩和女人对这一点了解得十分透彻。

法国女人知道自己适合什么，不论是头发还是衣柜以及其他，因此她们能始终保持清新与精致。她们的非凡魅力让我们抛弃了“年轻与美丽密切相关”的过时观念。单单是她们所投射出来的自信就令她们拥有难以抗拒的魅力，仿佛获得了青春不老的力量。

只要有信念、毅力，任何人都可以拥有自信。这是真的，自律是必备的，但自律很快就会转变为习惯，而习惯会让人着迷，我敢向你保证。首先，你必须相信自己是一个与众不同、年轻、美丽十足而又妙趣横生的人。强调积极的一面，如果你不相信自己没有缺点，就请你假装相信。随着时间的推移，自信心就会战胜一切，自然而然地流露出来。

自信心的建立需要时间，法国女人很早就开始打基础了。她们每天都会精心打扮自己。她们清晰地定义了自己的风格，在几十年前就搞清楚了什么适合自己的身材和生活方式。她们的衣柜制作精良，具有多重功能。她们的物品各就其位，不会让人抓狂。她们的美容养生法简单却有效。她们在美发方面花费不菲，认为这是必不可少的投资，头发没问题，就少了几分忧虑。放入衣橱中的任何一件首饰或衣服是不可能带有污渍、褶皱或缺失纽扣的。细节、细节还是细节，自律、自律还是自律。

将自己放在第一位

建立自信还有一个简单的万全之策：学会说不。

Non（不）是法国女人每天脱口而出的字眼。无须提供借口和解释。当法国女人说不时，说明她选择将自己放在优先列表中。在各方面照顾好自己，能使自己以最佳状态（包括一份好心情）处理生活中重要的事情：丈夫、家庭、朋友、工作、痴迷的爱好还有保持时尚。

在法国生活后，我的生活态度也发生了巨大变化。我开始欣赏法国女人的某些特质和习惯，并将它们融入我自己的生活。在她们看来，关心自己并不代表减少对他人的关心或放弃责任。不会出现利益上的冲突。让自己感觉快乐是为健康考虑，而不是出于自私。

在我眼中，她们之所以年轻，不仅是因为身体层面——她们的秀发、妆容、服装、仪态、优雅的姿态——还有她们对精神领域的追求。我所认识的法国女人都是“超级书虫”、博物馆爱好者、国际电影迷和对话大师。

或许是因为她们整天大口喝的矿泉水中含有镁，但是不管什么原因，我所了解的法国女人都洋溢着活力和激情。或许这就是青春之源，只是一次很棒的剪发和一件完美的小黑裙。

我将在后文分章节为您详细讲述她们做了什么，又是如何做到近乎完美的。

2

肌肤保养

法式梳洗礼赞

是文化熏陶，拜自然所赐，还是后天教养所致？当我开始探寻法国女人皮肤光彩照人却显得极为自然的秘密时，这些问题萦绕在我的脑海。

文化有影响吗？是还是否？那么染色体呢？啊，不会的。

基因对她们外表的影响与我们的没有太大不同。遗传从远古时代就开始了。在母亲和祖母的照料与指导下，法国女孩继承了良好的习惯，这是法国女人一生都能让皮肤保持红润而又年轻的首要原因。

在向下进行之前，我要先肯定地告诉你：无论何时开始对面部和身体进行专门护理都不算晚。可以预见的是，你将收获红润的肤质。我向你保证。多年来我一直都悉心呵护我的面部（这要感谢妈妈），我还从皮肤科医生、内科医生、美容师、整容外科医生、药剂师和朋友那里获得建议，我看到了自己的皮肤在光泽或光亮以及细腻方面有了极大改善。

在本章中，我将告诉你（从头到脚，每一个细节、每一个步骤、每一个秘密）我学到的所有有关法国女人护理皮肤的方法，并再一次讲述她们是如何享受其中的乐趣的。

将护肤变成日常习惯

每个人都赞同，女人的肌肤并不一定与她的实际年龄吻合，没错，可能会显得更年轻。我从未认识到这一点，但现在这看起来是显而易见的。

当然了，法国女人精心呵护自己的面部，甚至每毫米都不放过。虽然在一般情况下人们并不能看到每一寸肌肤，但这并不意味着不应该对其优待有加。每天淋浴、盆浴或在泳池与海水中浸泡数小时并冲洗过后，都要涂擦面霜和乳液。精油和乳霜（后文会提供具体细节）用于身体补水的强效护理，特别是在重重包裹的漫长冬季之后。不论是隐藏于衣服下的皮肤还是面容都可以得到极温润的护理。例如，如果你喜欢用苎麻或剑麻沐浴手套擦洗的话，可以先将手套在沸水中煮一下。没错。第14区的友邻贝尔纳·卡西埃温泉水疗中心的经理帕斯卡莱说，自然状态下它们太粗糙了。她喜欢将它们烹煮几分钟后再使用。（你会发现，差异是很明显的，而且去角质效果很好。）

我认为护理程序一定程度上取决于一个女人的个性以及时间限制和自律能力。我们中的一些人很享受慢条斯理地梳洗，即洗浴和修饰仪式所带来的愉悦。有一些人则既无时间也不喜欢这冗长的过程。不论哪一种方式，都要能体味到其中的乐趣。一些女人为什么要将美容护理看作杂务呢？

法国女人不会这样做。

我想这种观点的出现说明我们需要重新审视自己，用法国人的思维方式思考。发现快乐时就享受它，尽自己所能创造快乐。相信我，照顾好自己，从转变观念开始，这是给自己的礼物，未来还会收获更多。

我告诉你的每种产品和方法我都曾亲身体验过。我可以肯定地告诉你，如果采用了书中的建议，你同样可以显得更年轻，不需要频繁化妆，就能得到不绝于耳的赞美之声，而与此相比，新的日常美容护理程序则显得微不足道。

法国女人都有一个皮肤科医生

或许我从法国朋友那儿学到的最珍贵的一课就是：每一个女人都需要一个专属的皮肤科医生。不得不承认，我当时感觉有些意外，因为除了陪有严重皮肤过敏的妈妈去看皮肤科医生外，我从未去看过皮肤科医生。（妈妈的医生是奥地利人，早在“太阳崇拜”被看作是我们的劲敌之前，他就告诉妈妈尽量让我避免在阳光下活动，并使用他开的防晒霜，我因此得到了很好的保护。）

医生和美容师（执业皮肤专家，负责美容、脱毛、各种与身体护理相关的美容）告诉我们，所有这些护理都需要我们到水疗中心进行咨询，自行诊断是女性在护理皮肤时可能遇到的最大错误。时髦的巴黎恩蒂温泉水疗中心的美容师兼经理卡罗勒·杜比莱告诉我：“女性可能以为自己的皮肤是干性的或油性的，但这种感觉可能只是对错误的产品、过度暴露于炎热的环境、有空调的室内等环境的反应。”

虽然美容师和皮肤科医生对所有问题并非都持一致看法，但在这一点上却没有分歧。大多数女性选择清洁和护理产品时，会参考朋友、广告、销售人员的没有针对性的建议，以及喜爱的杂志上的宣传。我们整理这些信息，但它们可能与我们没有任何关系。杜比莱指出："这是浪费时间、精力和金钱。专家可以检查女性的面部，准确地告知她皮肤的情况。从那一刻起，她就知道如何合理地照顾自己了。"

皮肤科医生是法国女人小圈子中不可或缺的成员。随着时间的推移，他们之间的关系会愈加亲密。当然，皮肤科医生随时可以回答你的问题，但依据我的经验来看，她也可以亲密到提供不施加麻醉就保持年轻的处方。曾为电影明星诊治过的巴黎著名皮肤科医生瓦莱丽·加莱（Valérie Gallais，我曾看到他们悄悄溜进她的办公室）告诉我，除非女性因严重的皮肤症状需要医疗护理，她都建议她们安排年度会诊。

Dermatologist

"我会做例行的从头到脚的检查，查看是否有黑色素瘤或其他值得我注意的地方。"她说。"如果女性的诊断结果颇为乐观，会是一件很有趣的事。我在诊断性检查中也会评估病人面部的状况。我会询问初次就诊的病人他们的生活方式、使用的产品和个人护理习惯，我会向她们解释，如果她们愿意接受更有效的配方将会有更好的效果——我会向她们推荐另一种产品或开出一个更有效的处方。"

"通常遇到的情况是，多年找我看病的病人需要用其他品牌或改用同类产品中功能更强的产品，因为她们的皮肤出现了变化。随着女人年龄增长，配方也要有所调整。也许55岁的时候就不应该使用自己40岁或45岁使用的同一款面霜。或许5年坚持使用同一款产品时间太久了，或许有必要提高一两个级别了。”

认清现实： 去看皮肤科医生并不算奢侈。皮肤科医生是我们抵抗衰老的最好盟友。不论我们生活在何处，都可以找到一个可以建立长期关系的优秀皮肤科医生。每年请她做定期检查，正如妇科医生一样，通常都在保险范围内。如果你花几分钟的时间讨论抗衰老面霜和保湿面膜，没人会叫警察来的。

在看皮肤科医生方面，投资会带来丰厚的回报。如果他们提出的有关护理和清洁的简单原则我们都可以遵循的话，我们实际上根本就不需要化妆，即使化妆也会让人难以察觉——特别自然，简直就像法国女人的妆容一般。

我还发现，皮肤科医生推荐的专柜产品和他们开出的更强效的处方产品，价格更为便宜，简直就是那些广告大加追捧的效果欠佳的品牌产品价钱的零头。所以这些投资将带来回报。记住，照顾自己并不是自私自恋。我们这样做是为了自己的幸福，也是为了我们所爱的人的幸福。你总能找到你能承担的保养方式。

与时间的对抗：抗衰老产品

相关专业人士建议，女人应该在30岁时将抗衰老产品纳入自己的美容必需品。这条建议与我无关，但想到我在芝加哥的女儿，我就匆匆跑去买齐了加莱医生推荐的所有产品寄给她。

根据加莱医生的建议，基本必备品包括魔法三件套：一件清洗产品和两件保湿乳或保湿霜——一个白天用，营养配方则在晚上用（你懂的）。这些不补水产品中的抗衰老成分效果特别灵验。要注意的是具体选择要根据个人的皮肤类型、年龄或一些特殊情况决定（我们最好遵循专家的建议）。

所有皮肤专家最常给出的建议就是补水、补水，还是补水。他们也认同，如果想省事的话，可以使用含有防晒配方的日用面霜。

加莱医生的总体建议："一定要根据个人年龄选择保湿产品。一般而言，补充维生素C是年轻女士抗衰老的第一步；玻尿酸、维生素A以及乙醇酸更适合较成熟的皮肤。虽然我通常会建议年轻女士使用类维生素A产品（如维生素A酸）。"

在美国，很有趣的是，玻尿酸一般会推荐给20多岁和30多岁的女性用于祛痘和抗衰老。

刚开始时循序渐进非常重要。皮肤科医生会提醒女性逐渐增加抗衰老产品的强度——开始时用量轻，随后根据皮肤的需要逐渐增加剂量，绝非多多益善。不论何种处方都是过犹不及的。他们的建议是："让你的皮肤正常吸收。"加莱医生表示："不要过早地过分护理，这会带来适得其反的效果。"不同阶段皮肤的状况不同，我们要相应地调整方法提供适当的护理，而不是让皮肤不堪重负。皮肤科医师和专业美容师在这一点上观点一致。补充要用得恰到好处，皮肤才能光彩照人。例如，40岁时，女人的皮肤可能并不需要超强补水产品，但到60岁时就极有可能有这种需求。女人应该根据自己的实际需要选择产品，考虑身体中的激素变化。

全球首屈一指的整容医师尚·路易·赛贝格对护理在抵抗衰老方面的效果深信不疑。他认为应该在三十几岁还年轻的时候就开始行动，肉毒杆菌、填充物、化学换肤、皮激光疗法这些手段也应成为保持年轻计划的一部分。他说："无须太多，足够就好。记住，法国女人不希望别人认为自己做了一些'不自然'的事情，也就是说她们在保养的过程中，没有人会察觉到巨大的变化，因此也就没有人会注意到。一切都看起来很自然。"

他把这些程序称作"微调"。赛贝格说他不会"变脸"，但是他可以使之复原。"如果你能在早期开始医疗护理，就能使40岁的面容保持到70岁。"他所指的医疗护理包括结合使用激光疗法、肉毒杆菌、玻尿酸填充剂、二甲氨基酸乙醇疗法（马上详细介绍）以及注射（抗氧化剂维生素C、维生素A和维生素E），且要交由高级医师治疗，最好选择像赛贝格医生这样有艺术家般敏感性的杰出医师。

于是我问赛贝格医生，如果40岁的面容保持到70岁这样的奇迹出现，最少需要多少投资。

他说："这是一个典型的美国式问题。"

我说："说个大概就行，就满足一下我的好奇心吧。"

他回答道："大约每年2 500欧元（约合人民币20 521元），但我的一些病人的花费超过了10 000欧元（约合人民币82 086元）。"

因为各种各样的原因——观念、预算、恐惧，我们大多数人更倾向于选择一种更温和的美容养生法，这也就意味着要依靠理性、健康饮食、可信赖的皮肤科医生以及好的产品。财富与优质基因一样有胜于无，但这些只能看运气。

多年来我一直使用维生素C精华素以及补充乳液，这两者都是桑德兰·塞邦的推荐，桑德兰是一名内科医生，也是法国美容医学领域的顶级医生。维生素C是一种抗氧化剂，可以“捕获”加速衰老过程的自由基。含有维生素C基本配方的精华素和乳液能够改善皮肤密度，减少岁月的痕迹。加莱医生是这样告诉我的。

自由基会加速破坏胶原蛋白从而导致皮肤老化，胶原蛋白能够使皮肤保持弹性和光滑。维生素C对于保护胶原蛋白非常有效，但是它本身却不稳定。维生素C能够保持有效的唯一形式就是L-抗坏血酸，而且，L-抗坏血酸必须保存在黑色能遮光的瓶子里。（我买的左旋C精华素就装在这种瓶子里，塞邦医生还建议我将它放在药箱里，进一步保护里面的精华素免遭破坏。）

听到一种产品背后蕴含着严肃的科学知识确实令人欣慰，但我关心的还是产品效果。维生素C适用于所有类型的皮肤，这一点毋庸置疑，我已经见证了它带来的重大效果。我的皮肤几乎没有毛孔，像婴儿肌肤那般光滑——和我飞吻过的人经常称赞我那光滑的脸颊——而且还拥有青春的红润和光泽，几乎不需要用化妆品。

我用了一种处方药维生素A酸，不会让我的皮肤产生过敏反应，虽然有些女人的皮肤不适合用这种药品，但这20多年来，它一直是我护肤的最大帮手之一。由于每晚——嗯，这么说可能有些夸张——使用维生素A酸，我的上唇没有出现“条形码”皱纹，眉心之间也没有经典的狮子的那个纹。

塞邦医生说：“毫无疑问，在曾出现过的所有抗衰老方案中，这些产品肯定属于效果最显著的那部分。在我们常用的工具箱中也占有一席之地。要知道，预防永远是最好的良药。”

如果你的皮肤不会对维生素A酸过敏，我建议你找医生开一个处方。这也是一个永远不算晚的补救方法。如果你使用它有皮肤发红和脱皮的副作用，加莱医生建议换用芯丝翠果酸再生精华（NeoStrata Renewal）。她还表示，可以使用优色林的一种特效乳霜——抗红晚霜，消除皮肤发红和脱皮的现象。

很遗憾，我从未在鼻子和嘴唇之间那条烦人的鼻唇沟抹过维生素A酸。不知为什么，我总觉得这并不会产生很大的效果。一个美容师评价说，我一定是一个生活中经常笑的人。真是太对了。

另一个残酷的事实：维生素A酸并不是为了填充面部瘪下去而产生的皱纹，而填充剂会对这些皱纹起作用。如你所知，填充剂通过注射器实现填充。

但请不要担心，塞邦医生告诉我，微笑是现存最好的面部锻炼方式，听到这，我再高兴不过了。他是这样说的："微笑可以'提肌'，愁眉苦脸、皱眉则会'降肌'，地心引力则一直起下降作用，因此，最好的方法就是尽量微笑提肌。"

强效抗衰老产品可以也应该用在颈肩部位。我们经常遗忘这个部位，而且一想起这里，我们就会情绪低落。很不幸，我对前胸的这个部位也没有用心，上面的皱纹就是证明。我们总是慷慨地在脸部大量涂抹乳霜、润肤液和防晒产品，却把娇嫩的脖子和胸部抛在了脑后。为了弥补长期疏忽产生的后果，我首先试了一下让我信赖的维生素A酸，看看能不能消除一些皱纹。结果没什么用，让人失望至极。然后，我又求助于加莱医生和中胚层疗法。

再也没有什么比中胚层疗法更能让人了解法式美容了。法国女人推崇中胚层疗法。她们将中胚层疗法称为美学抗衰老疗法——或者，可以说，她们根本不提中胚层疗法。

法国医生米歇尔·皮斯托（Michel Pistor）于1952年首次应用中胚层疗法，1987年，法国卫生部将其纳入传统医学疗法。但是，在传统医学的庇护下，加莱医生并没有使用这一疗法解决我胸部的问题，她通常不会在患者身上用中胚层疗法。她的治疗方案是严格意义上的化妆品。

中胚层疗法采用微创渗透技术准确治疗问题部位。它有多种与美容相关的功用——例如，丰手、祛除鱼尾纹——在我看来，该疗法采用的是微量注射维生素和玻尿酸混合物的方式，而且，治疗时会用到针，不过是那种只有大约0.6厘米长的针，特别细小。加莱医生拿着这种针让我看，并问道："很可爱，是不是？"（就在这时，她轻轻擦去我预约前涂的非常厚的麻醉膏。）

微型"医疗弹药"直接注入皮肤中间层，也就是中胚层。治疗采用的是向皱纹部位连续注射的技术。这确实是没有痛苦就有收获。当然，每个人要进行的治疗次数各不相同。我是两次就满意了，一次需要80欧元（约合人民币656元）。注射器注入的混合物能够刺激天然胶原蛋白和弹性蛋白，整个治疗过程在医疗团体很少的帮助下就能"自然"进行。皮下注入的玻尿酸体积可能会变大至它在水中的30倍，从而形成聚合物，而这些聚合物可以为皮肤补水，丰盈皮肤，同时，玻尿酸还会促进新细胞生成和微循环，有助于修复皮肤。

为了保持良好的美容效果，通常需要每年重复治疗一次。对此结果，我是再满意不过了，而且我打算将此列入我的美容计划表。我再也不会忘记或忽略往颈部涂保湿霜和适当的防晒产品了。人生啊，就是活到老学到老。

我还预约了一次若埃勒·乔科（Joëlle Ciocco），法国版《Vogue》（著名时尚杂志）称她为“世界最著名的表皮学家”[很明显，“表皮学家”（epidermitologist）一词也是她创造的]，和她约谈的结果就是，我的护肤产品清单里又多了一些产品。乔科女士是一名化学家，而且，据我采访过的一些女士称，她还是一个奇迹缔造者。对我个人而言，她的方案太昂贵，超出了我的预算。其中，她做一次差不多两个小时的脸部护理的开支就超出整个美容预算整整1 100欧元（约合人民币9 020元），而且，据她讲，这个护理一年要做4次。再者，虽然她的手法很精湛，但也只是在脸上擦些霜和乳液。另外，手法精湛也并非一直让人舒服。她一度戴上手术手套，将大拇指伸到我嘴里，其余部位越过脸颊伸到我的耳朵后面，然后开始按摩。她还提醒我可能会“不舒服”。其实，当她的手伸到我嘴里时，我就只有两个选择：或者咬她——我确实认真考虑过——或者任眼泪默默淌过我的脸颊。由于她表示只收取我一半费用，我便决定不跟她吵闹了。

小提示：

下次预约皮肤科医生时，带上你的护肤产品，这样医生就能了解到关于你护肤习惯的直接信息。

我见到了她的一些忠实客户，多数都是中年女性（还有更年长者），包括一些国际影星，由此，我判断她的疗法应该能产生显著效果。她还有大量奢华的系列产品，值得赞扬的是，向我建议我应该立即使用的产品清单时，她并没有提她自己的药品。她所列清单的第一款产品就是一种很著名的洁面乳，薇姿（Vichy）三合一活泉爽肤洁面乳。

她推荐的另一种产品是安瓿瓶装的硒，我要直接将它涂在脸上，按照她的建议，一周有三个晚上要用，直到一盒用完。据说，硒可以促进抗氧化作用，是一种很了不起的抗衰老产品。但是直接涂脸上这个说法让我觉得很奇怪，因此，我去咨询了我的医生和皮肤科医生。他们都说硒的分子太大，不能渗入皮肤，但又表示，硒是绝佳的体内抗氧化剂，如果我愿意将它分割开，就打开安瓿瓶，把那块矿物质放到脸上，当收敛剂用，这么做就可以了，如果我真想护肤，就应该把它喝下去。我喝了。它有没有改变我的人生呢？当然没有，但总体来讲，皮肤看起来很好（与我年龄而言），我假设这是硒起的作用。

大蒜、全谷类、海鲜、金枪鱼、蛋、巴西胡桃及其他食品中含有天然的硒。为什么不内部、外部共同补充硒呢？这一直是我的观念。

加莱还给我开了两种补充药物，我每天都用：一种是Cledist，这种化合物包含神奇的硒、锌、维生素E、维生素C，还有许多其他天然成分，像西红柿、蓝莓、葡萄及姜黄的精华；另一种是Elteans，含有著名的欧米茄3（Omega-3）和欧米茄6(Omega-6)及黄豆和胡萝卜精华。现在的硒液用完后，我就准备只用加莱医生开的补充药物，我打算余生就靠它们了。

从内而外地护理

不管你信不信，好皮肤并不仅仅是由我们往脸上抹什么、不抹什么决定的。法国女人了解，饮食对皮肤也有很大的影响。

这听起来是件很容易的事，但每个人都跟我说，人到中年后，对脸部做的最糟糕的事情之一就是成为一名“溜溜球式减肥者”。

这让我相当郁闷，很可悲，我的生活就是一个生动的“溜溜球式减肥”故事。同时，她们强调了吃能让我们保持年轻的食物的重要性。你应该知道是什么食物吧？例如，大量谷物、优质蛋白食品、花椰菜。

至少，人体有一个部位需要脂肪——脸部。很明显，法国名言“10年在脸上，10磅在臀部”很有道理。我有几个朋友，她们在30岁时更喜欢保持臀部的美丽，现在则竭尽全力护理脸部。

关于这一点，塞邦说：“正因为脸部有脂肪，我们才显得年轻，它和身体其他部位的脂肪不同，脸部脂肪更脆弱。脸部瘦得太多，就会显得憔悴。脸部不丰满，人看起来会更老。”

饮水方面，一天至少1.5升。51岁的内科医生亚历山德拉·富尔卡德（Alexandra Fourcade）就将水瓶放在办公室的桌子上。她说，她的水瓶有时一天要装满三次。我的水瓶此时就在身旁。有时，我会从500毫克的维生素C泡腾片上掰一块，放进水瓶里，或掺入一些绿茶。维生素C是一种抗氧化剂。使用一点儿就有效。绿茶能促进人体对水的吸收，还有其他好处。富尔卡德也赞成这么做。

早上喝一杯石榴汁相当于服用一剂强效抗氧化药物。富尔卡德每天都会喝。

大多数人都没有足够认真，坚持每天食用5份水果和蔬菜。鉴于这种情况，加莱和塞邦医生建议她们的患者采用一年两次的维生素和抗氧化药物胶囊“疗法”。需要患者自己自觉服用。每次治疗持续三个月，然后中断三个月。我遵医嘱服用的是Oléage Selenium-ACE Progress 50，它含有葡萄籽、橄榄和西红柿精华，有显著的抗氧化功效。制造商还在其中加入了一些花椰菜。

睡不好，就成不了美人

我们必须保证睡眠。生活中总是充满各种问题和压力，而这些因素不仅会使我们精力衰竭——体力和脑力——而且会让我们的容颜衰老。睡眠可以让精神和身体得到休息。如果不幸患上失眠，可以尝试一些草本药物（我用的是药剂师朋友推荐的一种混合药物，由缬草、西番莲、山楂属植物和黑苦薄荷组成）、草本茶或精油。我的药剂师朋友克里斯蒂娜·萨洛尔特（Christine Salort）还推荐了一种方法，在方糖上（相信我，你会需要糖的）滴三滴洋甘菊茶、马鞭草精油或苦橙花精油，然后吞下这块糖。

塞邦医生还强调了睡眠对美肤的重要性。他的睡眠从来没有少于7个小时。他还表示：沉思也好，运动也好，我们应该想办法减轻生活中的压力。他说："压力能产生生物效应。"有压力时，肾上腺会过度活跃，而这种过度活跃恰恰能加速衰老。

法国女人的季节性护肤秘诀

关于季节性护肤，比如说，在沙滩或滑雪度假期间，遭受强烈阳光照射的前一个月，医生和药剂师会建议我们准备好晒前用药物，以防强烈阳光的袭击。我并不能彻底理解这种在法国很流行的做法，因此，我请教了专业人士。

含有类胡萝卜素，尤其是番茄红素的胶囊，可以加速黑色素细胞的生成，从而保护皮肤。加莱医生解释，这种疗法对那些紫外线过敏的人尤其有效。有些人的皮肤在太阳光下暴晒后会发红、脱皮，晒前用药物可以有效促进褪黑激素的分泌，从而形成一道抵抗太阳光的屏障。

梅奥诊所将阳光过敏定义为“阳光照射引起的一种皮肤反应状况。对大多数人来讲，阳光过敏症状就是暴露在阳光下的部位发痒、起红疹。严重者会造成荨麻疹、水疱或其他症状”。

购买晒前用药物之前，应咨询内科医生或皮肤科医生，确保药物内含的是纯天然成分。对于有色人种的女人，这种胶囊可能会在皮肤上形成一些参差不齐的黑色斑点，也就是大家熟知的黄褐斑。

胶囊的主要成分是番茄红素、天然胡萝卜素、硒（看，又用到硒啦）和维生素E。

我一个朋友索菲，今年47岁，她的皮肤是乳白色的，非常细腻，而且对太阳光过敏。虽然她从未有意将皮肤晒黑，但在夏季和冬季假期的一个月前，她就开始随身携带晒前用药了。

这种药还是一种买一送一的商品，大家都知道，我们是多么喜欢快乐翻倍的感觉。为皮肤保湿的同时，这种药还有助于我们将皮肤晒成健康的金褐色。在将皮肤变成大家十分羡慕的法国式古铜色的过程中，药物的作用不可或缺，而且，它们还一直为我们提供从内到外的保护屏障。这种治疗方法并不排除对强效防晒产品的需求。

采用该疗法后，我那太过苍白的皮肤竟然有了一点儿颜色。要知道，我从未故意晒黑过，因此，这个结果真是一个大大的惊喜。

如果你正打算用保妥适（Botox）药物（A型肉毒杆菌毒素，可注入面部去除皱纹）做填充，或直接使用一种更根本的治疗方式，不要忘记提前一周使用山金车精油，而且治疗后一周也要使用，以减轻擦伤或预防擦伤。我那次在车道上摔伤脸后，我的药剂师朋友克里斯蒂娜·萨洛尔特（Christine Salort）马上给了我一些山金车萃取药。要是能预料到那次严重的跌伤，我就会提前准备好了。

这种顺势疗法药物的一般用量是每月3次，每次5片。山金车属于菊科植物，使用历史长达几个世纪，它首先能够减轻消化不良的症状，其次可以治疗擦伤。

小投资就能获得惊喜

“少购物，多投资”是每个法国女人的座右铭，而且，她们将这句格言应用到生活的方方面面。法国女人天生节俭，既不浪费时间，也不浪费金钱。

我采访的医生，他们的患者形形色色，包括王妃、伯爵夫人、影星、作家、电视名人及想为自己将来投资的法国女人。这些医生们告诉我，他们喜欢精挑细选几种简单纯粹的婴儿配方产品。

法国顶级皮肤科医生之一，玛丽·塞尔（Marie Serre），直接将我带到她的浴室，告诉我，她的生活离不开这些产品。对于洁肤用品，她一直坚持使用贝德玛ABCDerm H_2O温和洁肤液。这种洁肤液装在透明塑料的按压瓶中，在不二价商店（Monoprix，法国专售廉价商品的连锁商店）或任何药房购买大概都是10欧元（约合人民币85元）一瓶。它是专为婴儿生产的，该产品温和、有效、有益皮肤，并且无须冲洗。你应该能猜到，现在在我的浴室它已经占据了重要地位。轻轻地祛除睫毛膏时，它的效果好得惊人。

塞尔医生说：“我每天都用，坚持好多年了。”

和我一样，她在涂抹护肤品前也要喷一遍舒护活泉水。（一大罐够用好几个月。）

舒护活泉水，就是这里的人们所知的泉水，由于其成分低钙，因此对皮肤无刺激，还有助于“修护”（加莱医生就是用这个词说的）皮肤，而且，它还可以作为一种抗发炎的药剂使用。夏季，我会把它放在冰箱里，包里也会放一个小型钱包大小的罐装活泉水，温度上升时喷在脸上。

塞尔医生甚至还向我展示她最喜欢的Lotus（一个法国的化妆品品牌）化妆棉——也是婴儿专用产品。这种化妆棉最大的是10×8厘米，内含芦荟，两面都可以使用。她给我讲了用法：“首先，在化妆棉上喷洒贝德玛洁肤液，然后，轻轻地擦脸部。接着，用化妆棉的另一面重来一次。化妆棉干净的时候，脸也就清洗干净了。”送给美国朋友的礼物中，我经常会带上一两包这种化妆棉。它们可是一流的出行必备物品，收到这种礼物的人都会要求我多送一些。

这些都不可以做！

说到这里，就不可能回避这些明显的问题：使用这些护肤品时不准暴晒，不准吸烟，不准有暴力行为，少喝酒，并坚持每晚睡觉前清洗干净。我相信，应该没有人会累得连花60秒或更短时间洗去每天污垢的工夫都没有。当然，大家都知道这些——我们都是这么做的——但这一章就是关于皮肤的，总该有个快速回顾吧，不是吗？加莱医生列出了她最不能忍受的两种极其恶劣的行为“使用会导致皮肤变干的不当或劣质产品，还有去紫外线日晒沙龙”。她又语带惊讶地说，那些女人竟然不知道这样做的危险，真是让她吃惊极了。

你可能会认为大多数法国女人都吸烟。我却很少遇到或看到中年法国女人吸烟。(不过很可惜，我见到了许多吸烟的十几岁的女孩还有年轻的女人，而且数目多得惊人。要是她们能听妈妈们的忠告该多好啊。)我又向内科医生证实了我的观察结果，他说，有大量年龄在45岁和50岁之间的女人都在戒烟。

富尔卡德医生以前是一个“轻度吸烟者”，她告诉我，喝酒是她社交生活的一部分，并不是每天都喝。“我知道对红酒的调查结果及其治疗价值，我也知道偶尔在吃饭时喝一两杯红酒感觉会好很多。研究表明，酒精会加速皮肤衰老，还有，高热量的食物也会。”

加莱医生也持相同观点，“偶尔喝杯香槟可以吗？当然，为什么不呢？人为了快乐总要不时破例，但每天饮酒对脸部皮肤确实不好，而不含酒精的葡萄汁有抗氧化作用，对皮肤有益。”如果担心牙齿上染色，可以选择白葡萄汁。

在法国生活的这么多年，我从未见过哪个法国女人喝鸡尾酒或其他酒，葡萄酒和香槟除外。我的朋友中，只有一个人吸烟。她坦承，她是将烟当作了食欲抑制剂，而且，很不幸的是，在人生大部分时间中，她还是一位太阳崇拜者。从后面看过去，她有一头漂亮的天然白金色头发——白色和金色混合，穿着紧身牛仔，你可能认为她只有25岁。但当她转过身来，你会觉得她差不多有25岁的3倍。

有趣的是，她从不沾酒精，哪怕是红酒。除了我最好的法国朋友，我想我还没有见过其他法国女人在宴会时把一杯(也可能是两杯)以上的香槟当作开胃酒。她们吃饭时也不会喝超过一两小杯红酒。我在法国居住的日子里，还没有见过哪个法国女人喝醉。

关于酒精的最后一点：不要认为只有缺乏睡眠才会导致黑眼

圈，酒精也会。如果不采取其他办法，黑眼圈会让人显老。

护肤的乐趣和益处

以上内容，我们一直在谈从头到脚的美容，我认为，在接着写下去之前，你可能会更喜欢一个条理清晰的介绍，以便快速、简单地参考。我也是一直这么做的，生活已经足够复杂了，还是简单些好。

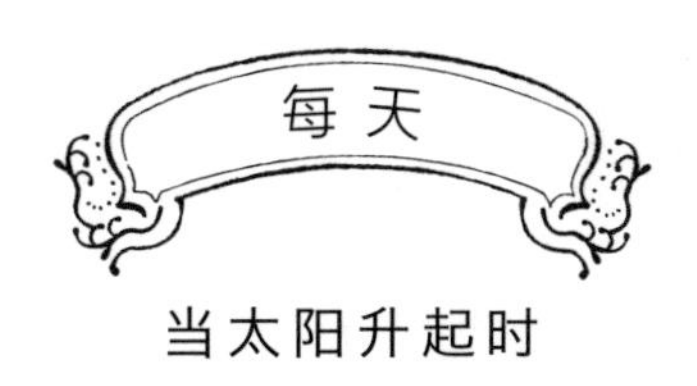

当太阳升起时

- 使用温和的洁面产品洗脸，温水清洗，并喷洒凉爽的舒护活泉水。
- 中年以后油性皮肤就很少见了，因此一般不需要使用紧肤水。
- 矢车菊花水（Eau de bleuet）是一种纯天然不含酒精的“水”，许多法国女人清洗过面部之后会用它。矢车菊花水有助于收缩毛孔。
- 玫瑰香水是另一个法国香水秘密，用过之后，皮肤会增加一丝光彩——气味也很迷人。
- 营造感觉的另一种方法：深蓝色瓶装的矢车菊花水和玫瑰香水摆在浴室里，看起来非常漂亮。[试想一下，玛丽·安托瓦内特公主（Marie Antoinette）和蓬帕杜侯爵夫人（Marquise de

Pompadour)曾经用的可能就是它们。]

- 接下来是日用霜。最近，在加莱医生建议下，我换了一种高分子玻尿酸配方的日用霜。

注：玻尿酸是一种人体皮肤中自然存在的分子，对皮肤的密度和锁住水分有重要作用。它也是注射到皮下，填充那些深深的皱纹的填充剂。拿出容器后，它的侵入性大大降低。玻尿酸分子太大，无法以任何外用制剂的形式穿透皮肤——然而，它有助于其他产品的渗透，如维生素A和维生素C。玻尿酸还具有极强的保湿属性，能够丰盈表皮层，像法国人所说的“重新盈润”。从观念上讲，玻尿酸产品中还应含有类视黄醇，许多专家认为，类视黄醇能刺激胶原蛋白的合成保持皮肤的弹性。

- 为了简化生活，至少要确保你的日用霜配方具有一定的防晒系数。
- 不在海边或山顶时，需要的最小防晒系数在15到20之间。加莱利用图表展示了无防晒系数和防晒系数为15到20之间的巨大差异，并将此差异与防晒系数为20到50之间的极小差异做对比。
- 什么都不用并非良策。

注：美国黑色素瘤基金会和美国皮肤病学会推荐至少使用防晒系数为30的产品，并鼓励人们在参加户外活动时使用防晒系数为50的产品。

- 关于眼霜的问题，我问了4个朋友——玛丽·克洛德（Marie Claude）、克罗迪娜（Claudine）、玛丽昂（Marion）和达尼

（Dany），她们都表示对霜的使用特别挑剔，但却从未使用过什么特定的眼部药剂。我的皮肤科医生，还有她那风华绝代的43岁助手都告诉我，她们从不使用眼霜——包括白天和晚上。看到了吗？又节省了一笔开支啊！

当太阳落山时

每天晚上，仔细、轻柔地卸除所有化妆品，再用矿泉水冲洗、喷洒。有些自来水的水质太硬，含钙浓度太高，会导致皮肤发干。

- 想要一种眼部卸妆产品吗？其实，这不是十分必要。若埃勒·乔科推荐的薇姿三合一洁面霜及塞尔医生喜欢的贝德玛ABCDerm H_2O，在处理防水的睫毛膏方面也堪称冠军，我把二者换着使用。后一种是一款卸妆产品，也就是说，用完后无须冲洗。

  注：这两种洁肤产品，药房均有销售，一瓶能用好几个月，只需几欧元就可以了。

- 使用维生素C精华素——等两分钟至其渗入皮肤，然后再涂上一层晚霜。整个过程需要3~4分钟，效果很明显。精华素与晚霜的结合使用不是完全必要，但它肯定是一个好方法。
- 虽然维生素C精华素能刺激胶原蛋白的生长，但它不具有保湿功效，如果你是干性皮肤，最好再多涂一层晚霜。

- 如果你想省一步，可以直接使用特定的抗衰老晚霜。切记，护肤就是补水、补水、再补水。完全清洗干净的皮肤已经准备妥当，就等吸收抗衰老产品了，因此，晚上就是使用类视黄醇和保湿性晚霜（如含甘油类保湿成分的乳霜）的最佳时机。
- 切记，睡眠时，人体温度会微微升高，这就会促进皮肤对乳霜和精华素的吸收。
- 最后，使用高效润肤霜。

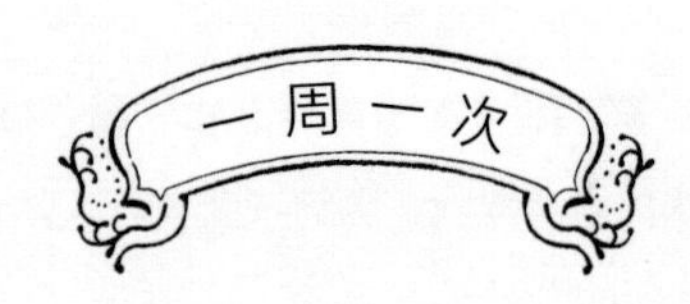

一周一次

去角质产品（Gommage）能去死皮，使脸部表层皮肤洁净、红润。

- 直到最近，我还想去角质产品（从定义上理解）能够卸妆，其实不是这么回事，这也不是关键所在。去角质之前必须清洁皮肤。正如美容师埃洛迪（Elodie）——也是巴黎郊外一家温泉水疗馆的所有者——所讲：“去角质之前不先卸妆就好像洗澡时不脱衣服一样。”
- 唇部轻微皲裂时，也可使用去角质产品。
- 去角质后，再敷一种合适的保湿面膜。如果你的皮肤油性特别大，这种情况也不太可能，让你的皮肤科医生推荐一种适合你皮肤类型的面膜，或者去角质后，用你最喜欢的晚霜就可以了。

- 正如娇韵诗国际护理研发和培训总监多米尼克·里斯特（Dominique Rist）所说："只有在你温柔时，皮肤才会理解你。"
- 通常，一旦我们发现某些产品所含的成分适合自己，该产品的其他要素也会成为我们的个人爱好，我们可能会喜欢上它的质感、它的香味，这是许多人不断总结的心得。
- 另一个秘诀：如果你每周一次或两次整晚都敷着面膜，把它当晚霜用，醒来后会特别舒服，感觉特别好。这一点已经测试过了，真的。
- 保湿面膜并不滑腻。找到你最喜欢的那种面膜后，你会发现，如果在头挨到枕头（当然，要有清新、干净的枕套）前等15~20分钟，将会产生完美的效果。

什么时候明白都不算早！

专家建议，女孩子应早在12岁时就开始体验能让人心情舒畅的脸部清洁。在那个年龄，使用温和的洁面乳是最大的乐趣，现在有很多这样的产品。用它代替普通的香皂和水是迈进"大姑娘"美容世界的第一步，而且，从理论上讲，这种新鲜有趣的体验将促使她们养成一生合理护肤的好习惯。如果你家里有正值青春期的女孩子，现在就过去向她们介绍护肤产品和使用这些产品带来的快乐吧。我的药剂师萨洛尔特（Salort）医生指出，现在有许多非皂基香皂可以作为过渡到更"成人化"产品时的替代品，他还说，大多数护理品系列的全部产品表中都有这类产品——毕竟，他们也希望女孩子一直都用他们的产品。

如果有痤疮问题，药剂师可以帮忙解决。如果解决不了，就该去找皮肤科医生了。法国女人有一个心态就是：护理和治疗最重要，什么时候明白都不算早。

和专家学来的小窍门

我真的十分喜欢自己，因此，我在自己的日常套路里增加了一个高科技工具，增加的这个工具已经给了我很大的回报。上次过生日时，我送给自己的礼物是一个科莱丽洁面刷。一般情况下，我每隔一晚会使用一次。我深信，用过洁面刷后再涂精华素和乳霜，效果比以前更好了。我已经准备好了这方面的知识，如果你想知道，可以告诉你的。

科莱丽洁面刷能够轻轻地（当然是很轻了）清理掉皮肤上每天积聚的污垢，比用手清洗有效多了。它可以将灰尘和油脂松解并掸掉。洁面刷美妙旋转300下，从而全面彻底地清洁脸部皮肤，与仅用手清洗相比，它能清理掉6倍的化妆品和2倍的油脂。

本书出版时，科莱丽洁面刷将在法国销售，目前这里还没有。一些法国皮肤科医生，还有多米尼克·里斯特都反对使用它，他们认为这个工具太粗糙了，可能会损伤纤弱的毛细血管。因此，你应该想得到，我专门带着我的洁面刷去找了加莱医生，她认为只要我不用力压它，并选用最精细的配件，这个小工具就没什么问题。

我的脸现在感觉十分洁净，还带红润的光泽，可以说，使用这些可爱的产品组合所产生的效果还是让我满意的。

我的皮肤是敏感皮肤，我也是最近才发现的，那是我的皮肤第一次发红，若埃勒·乔科建议我每周两次用炉甘石凝胶治疗，以前，我都不知道有这种药品。我只记得炉甘石液，10岁时，我从我们家旁边的树林里穿过，然后起了一片毒漆藤皮疹，用的就是它。

乔科女士说，炉甘石凝胶能使皮肤光滑，治愈一切炎症。她让我将它当面膜用，在脸上保持15分钟，然后冲洗，再喷洒舒护活泉水。我按照她说的做了。(此时，你可能意识到，我几乎乐意做任何事。)这有效吗？可能有吧，皮肤确实舒缓了。

最后，只是我个人的美容建议。我不会说这是"提示"，因为当我向美容师提出这个想法时，我觉得他们会感到头晕，然而，医生们却回答："为什么不呢？"

我每周会有一晚让脸上干干净净的，像平常那样清洗，在各个关键部位拍一些维生素A酸，再确保枕套清洁，然后睡觉，让皮肤一直呼吸。医学专家同意，如果这不是一个好主意，也不应该是一个坏主意。我个人还是认为这是一个超棒的想法。我问几个法国女性朋友对这个"诀窍"的想法时，她们说很喜欢这个主意，但和我的看法并不相同。她们几乎都表示，她们太累时、除了清洗什么都不想做时，也会这样。

残酷的事实：你会看到一些乳霜的广告，承诺有助于调整并明显提升下巴——要知道，下巴已经向地心引力投降了——所以，这肯定是骗人的。下面是三种有效的解决方案：穿高翻领毛衣，巧妙地系围巾，很不幸，最有效的选择是整形手术。我就知道，我就知道……没有一种方案能说明人生是公平的。

身体美容与修复

美容绝不止于颈部。法国女人将同样的要求和准则应用在身体美容上，保持身体的柔润，通常都要脱毛，护理脸部时，你能闻到身体的芳香。

对她们来讲，去角质和日常保湿产品很珍贵。你可以将脸部去角质的产品用到身体上，但是，我和专家则倾向于更有实际价值的产品。身体可以协调这种产品，而且效果要好很多。

本书提及的“调查性报告”的众多好处之一便是这些美容方式我都亲自体验过。全身去角质按摩带来的感觉就是，你已经羽化登仙升入天堂。在一个完美世界，我将把它列入月计划表。

如果你想自己做全身美容，美容师建议混合使用甜杏仁油和精细适中的海盐。如果你觉得海盐太粗糙，可以换成糖，具有同样的效果。首先，取一大汤匙的盐（如果你喜欢，也可以用糖），与甜杏仁油混合，直到调成你满意又有效的黏稠度。法国人做的时候很干脆，直接抓一把。但我还是建议，在你的脸部去角质产品中加一些食用盐，将它调成身体去角质良方。（淋浴时，踩到那些滑滑的精油时可能会扭断脖子，而且，很难冲洗掉表面的精油，包括身体表面。这也是我喜欢自己的方法的原因。）使用水晶护肤品时，在手肘、膝盖、脚跟处多下点儿功夫。有时，我会在手肘上用一些糊状柠檬汁和小苏打，用我预先煮过的去角质沐浴手套取这些东西。

比较忙的时候，可能没有时间进行步骤繁多的去角质护理，这时，可以在煮过的沐浴手套上挤一些润肤霜，简单地去一下角质。沐浴结束后，涂上保湿霜就可以了。安妮 · 弗朗索瓦丝和奥萝尔（Aurore）大多数时候就是这么做的。

日常护体霜应含有一种重要的成分，即尿素保湿因子，因为它可以促进深层保湿，并能制造出锁住水分的保护膜。尿素保湿因子也是皮肤中自然存在的分子，它的作用是锁定表皮层的水分。配方中尿素因子占10%或更多的护肤产品可以祛除鳞状干皮，保持皮肤光滑、有弹性，而且，它还可以缓解皮肤干燥引起的瘙痒。加莱以她的胳膊为证，说:“用了这样的产品，皮肤再也不会像鳄鱼皮那样粗糙了。”

加莱医生推荐使用尿素保湿因子占5%~10%的产品，具体要根据皮肤状况而定。再次明确，手肘、膝盖、脚后跟等部位用得越多越好，双手偶尔也是如此。如果你追求的是魅力，这些乳霜、乳液可能满足不了你的需求，但如果你想见到效果，那就赶快开始使用吧。

Emergency

非常时期的护理方法

1）喝了过量香槟怎么办？使用矢车菊花水补救。拿几片扁平的卸妆化妆棉，大小要正好盖过眼睛，用矢车菊花水浸泡，然后再把它们放在冰箱里——没错，就是冰箱。眼睛浮肿或疲倦时，取出来几片，拿着在外面旋转一会儿，这样就不会再冷冰冰的，然后放到眼睛上，再躺下3~5分钟。相信我，这就是一个自制迷你奇方。

2）怎么处理任何原因引起的肿眼泡？我的朋友埃莉斯对所有问题都有解决方案（你可能知道一部分，但我可以打赌，你不熟悉最终的细节部分）。在沸水中浸泡两个甘菊茶包，取出来，夹在两片化妆棉之间，拿着摇一会儿，等它冷却到舒适温度。躺下，将它们敷在眼睛上，放轻松，直到它们变冷。下一步，用纱布包一块冰块，在眼睛轮廓周围擦拭——沿一个方向擦5次，再沿反方向擦5次，动作一定要缓慢、轻柔。

3）真正的抗压窍门。往2升沸水里扔两大把甘菊花（健康食品商店有售），煮10分钟，再浸泡10分钟。把花拿出来，将水倒进浴缸，进去泡15分钟。如果能轻啜一杯绿茶或甘菊茶，效果会更好。

4）清爽宜人的提神方式。在小冰块托盘里倒入玫瑰香水。取出冰块，用纱布包好，用它擦拭脸部和颈部。这个感觉很舒服，可以闭合毛孔。同样地，用纱布包轻拍脸部，还有助于定妆。

5）重大场合的紧急求救。你会需要“ 小助手 ”帮忙，我将我的“ 小助手 ”介绍给大家吧。我偶尔需要强效用品的时候，会使用左旋C速效精华液。它的配方中含有一种蛋白质复合物，这种产品涂上以后，干得很快，会形成一层看不见的弹性——这一点很重要，试想一下，这样根本就不影响谈话，甚至微笑——凝胶膜，瞬间就可产生紧致、光滑的效果。遗憾的是，这种产品有一种灰姑娘式的缺点。我用过它之后，看起来是精力充沛，而且很清爽，脸上细小的皱纹也显得更小了。我在眼睛周围也涂抹了速效精华液。但是有一点，豪华的四轮马车终将变成南瓜车，因此，必须得在它的有效时间结束前离开。

6）呀！起痘痘啦！关于如何治疗成人痤疮，萨洛尔特医生推荐了薇姿的Normaderm油脂调护系列或欧树的Aroma-Perfection芳疗雅致系列。这两种产品她都用过，又把它们推荐给了客户。我并没有尝试这两个系列，因为我很幸运，从没有遭受过重度痤疮的折磨，只是有时会长小粉刺。偶尔出现小粉刺时，我会涂上大量的维生素A酸，一般情况下，这些小粉刺两天内就会消失了。

绿茶
或甘菊茶
有助于身体放松，
缓解压力

上述习惯是最低要求，这对那些时时刻刻都在全面呵护皮肤的女士来说是个可行的办法。不过，对于颈部到足部之间的皮肤，大家或多或少都会有些忽略。不用担心，用一些强效修复产品就可以力挽狂澜了。

超级滋润的按摩霜，如乳木果油或摩洛哥坚果油，乳脂奶油中也有此类成分，它们可以对我们忽略的美容死角进行有效补救。这些都是纯天然产品，富含维生素，可以用来作为头发的深层护发素，擦到皮肤的干燥区域的表皮并反复按摩，直至皮肤不再吸收油分。

我建议（当然美容师也这么认为）做一个冬季的全身皮肤深度护理，我们会在睡眠时为身体涂抹滋润霜。你会穿旧的睡裤和T恤，还有袜子。但是千万不要在自己家之外的地方这么穿，也不要让朋友或其他家庭成员看到你穿成这个样子。不要忘了，我们这本书讨论的可是优雅的法国女人啊。

此时，你可能也想整晚让补水面膜贴在脸上。如果你想来个全方位的保养，手上戴个手套，再用用发膜。

希望你的爱人会理解你，做这些保养后，你也会更漂亮。你可以告诉他自己做这些全是为了他——聪明的法国女人就会这么讲。这样讲也会很省事儿。最好呢，搬到客房去睡。你可以这样哄他，感觉自己好像有点儿感冒，不想传染到他……

问过我的法国朋友和熟人后，我发现，基本上所有法国女人的美妆产品中都有一瓶摩洛哥坚果油。这种产品可以涂抹面部、腿、胳膊等部位。大家最钟爱的另一种产品是甜杏仁油，有些人会用它来卸眼妆或把它当成一种简单、舒适和天然的保湿乳。我对使用精油卸妆的做法不太感冒，对眼妆尤其如此。根据我的经验，用精油卸眼妆或多或少总会有一些液体流到眼睛里去。这样不仅会有点儿痛，而且精油也会让眼睛浮肿。

巴黎的一些温泉水疗中心（SPA）推出了一种新疗法（至少对我来说比较新鲜），这种疗法是用一种热的香薰蜂蜡进行深度保湿。Bernard Cassière的产品带有喷嘴，可以轻松保留液体不挥发。你点了蜡烛后，沉浸在舒缓的香氛中，然后吹灭蜡烛，让发烫的蜡油冷却到温和。然后把蜡油像乳霜一样涂抹到腿上，反复按摩，直至干燥，像皮肤鳞片一样掉落。在纽约我们曾经体验过这种手法的足疗和手部护理，那感觉妙不可言。不过我从未在腿上和胳膊上体验过，也没有涂抹过其他部位。这确实很有效，而且如果是专家操作，整个体验过程是极其舒适的，不过我绝不会在家里试这种疗法。我知道这可能引发重大灾难，可能还需要医护人员干预。我的一位熟人桑德兰说，若是能够体验到此类服务，她可以从巴黎城的这头徒步走到另一头。（她经常开车，而且喜欢夸大其词。）

让我们马上快速总结下，去脂和排水产品需要长期坚持使用，因此它们的效果很难去衡量。

问题就在这里：要想看到效果，必须每天坚持不懈地涂敷一次，如果想要很明显的效果，专家的建议是涂敷两次。这对那些喜欢化妆的人来说也是要费不少功夫的。每天用两次，用到老，我的天哪！产品承诺的效果是皮肤更光滑——例如，没有显眼的赘肉、血液循环更好、没有浮肿且面部红润。不得不说，用过多米尼克·里斯特给的产品后，确实有效果，我按照她的指示不遗余力地按摩臀部和大腿，这些产品的确可以让皮肤变得粉红及更有光泽，不过，可曾有人体谅到我按摩费了多少功夫？

我询问过一些我很熟悉的法国女人，偶尔也与那些在社交场合遇到的女性交流，我想知道她们是否不遗余力地一天两次按摩大腿，天天如此。没有一个人这么做。有少数人说她们在穿泳装的季节有时候会一天按摩一次，8月之后就根本不会这么做了，而且她们还说自己也不知道这样是否对体形有帮助，毋庸置疑，这至少对她们心理上是有益处的。

后来听说富尔卡德医生确实在用消脂霜，会用它来涂抹大腿、臀部和腹部，一天两次，并且已经坚持几年了。她坦诚地告诉我："我不知道这是否能带来一丁点儿的不同，我觉得可能不会有变化，不过我知道按摩有助于血液循环和排泄，这就是个好事儿。"我曾见过她的大腿，真是没有一点儿赘肉。她已经50多岁了。有次我们一起吃饭，她穿着一件露膝连衣裙，看起来非常迷人。她很迷人，而且也是再好不过的例子，从根本上来说，女性在某个年龄段是什么状态并没有（好吧，极少有）什么条条框框。当时她刚夏季度假归来，皮肤是健康的棕色，这是减少赘肉的又一诀窍。

我听说消脂霜可以缓解眼圈周围偶尔出现的眼袋。我试验过，好像确实管用。加莱说这个产品中有两种有益于缓解症状的成分，咖啡因和葡萄糖，"皮肤护肤品"从理论上说是有帮助的。唯一存在问题的是身体最娇嫩的皮肤对香味和类似材料的反应。葡萄糖是外来的豆科植物的提取物。

可以谨慎试用下，或者安全起见就不要试这个方法。我没有什么不良反应，不过我不会推荐这个，也不想再展开来说，我还是倾向于使用我的冷冻矢车菊花水。

女人的手犹如一面镜子

我有一个朋友，她的手很美。每周六上午，她都会在成百个10

美元（约合人民币63元）一次的足部护理/手部护理店中选择一家，做一次手部护理。她总是选择涂那些引人注目的指甲油。到周三或周四时，指甲油就会剥落。她会怎么做呢？用棉签和洗甲水把这些杂乱的指甲油清理掉吗？不，她不会这么做。她好像对此浑不在意，然而，她在整体上还是可以保持很好的风格。

要点： 随便修饰会立即破坏整体的自然感觉。从头到脚皆是如此。

不需要太费劲就能保持手部的干净整洁，显得非常好看。选用最近的流行色的指甲油会需要更多的时间和精力。如果很满意这些颜色，一定要涂上，但出现剥落的迹象后，若是无法修复，就将其清理掉。

我从未见过法国女人的手上或脚上有指甲油剥落的现象。

做出看起来更柔和的指甲——质朴的指甲，自然的白色指尖（与“法国手部护理相反”，顺便提一下，这不是法国手部护理方式，而是一个美国人发明的方法）——将温水、一个柠檬的汁液、4汤匙过氧化氢混合在一个杯子里，将指尖泡在里面。用棉布包住橙木签，在混合液体里浸蘸，然后擦指甲下面，这是手部护理完美的修饰。同时，将已经软化的表皮压下去。加柠檬汁是埃洛迪的小窍门，我觉得很新鲜。接下来，用白色的指甲笔擦拭指尖下面，这样就可以了。肉色、淡黄色（颜色绝不会显得太强烈）或灰白色、浅粉色指甲油，你便拥有了绝大多数的法国女人做手部护理的基本品。

我跟法国朋友还有专业人士学到的最宝贵的知识就是，许多专门为某种单一目的制造的美容产品都有多种用途。例如，我们的脸部去角质产品，用到手上也可显奇效，能祛除角质，让双手丰盈起来。去角质后，再使用保湿面膜，有助于实现深层水化。手部皮肤马上就会年轻起来。

假设，你对手部护理和修饰要求十分严格。你是不是忘了一些事呢？还记得每天仔细地涂一些强效防晒配方产品吗？如果没有涂，你将为那些疏忽的岁月付出代价，特别是像我一样，过去曾用很多时间行驶在路上的朋友。太阳光毫不吝啬地钻进我们的手部皮肤。切记，冬季要戴手套，夏季要涂强效防晒产品。

自己做好准备：美白霜对于那些讨厌的显示年龄的“斑点”根本无效。从我自身的经历便可确认这一点，而且萨洛尔特医生，还有塞邦、加莱、富尔卡德、塞尔医生还强化了我在这方面的认识。是的，我都体验过，我花费了大量金钱做了许多尝试，因此，你就可以节省一笔开支了。

如果你已经对这些褐斑烦透了——瞧，我一直小心翼翼地避免使用“老年斑”这个字眼——而且认为它们是你看起来显老的元凶，这里有两个解决方案：一是昂贵的激光手术；一是便宜的液氮疗法。

3月末，我朋友弗朗索瓦丝对手部和脸部都做了液氮治疗。皮肤科医生只在10月至次年3月之间提供治疗，因为随后的时间，皮肤对太阳尤其敏感，不适合接受这种治疗。

通过液氮疗法治疗后，褐斑消失不见了。弗朗索瓦丝告诉我，它不会对皮肤造成一丁点儿伤害，而且效果惊人。她的皮肤科医生给她开了一种特殊的防晒霜，她还尽量在那些疤痕治愈的过程中戴了三个星期无指手套。她摘下手套让我看，天哪，我看到的是一种从未见过的，如新生婴儿般完美的皮肤。简直像变戏法一样。加莱医生一直走在整个最新疗法领域的最前端，她通常先使用液氮疗法，如果无效，就会把患者交给她的同事，一位激光疗法专家。她说，90%的患者用液氮就能治愈，而花费只是激光疗法费用的零头。

液氮疗法，更为人熟知的名字叫冷冻疗法或冷冻手术，据我朋友所讲，这种疗法会有“轻微的不舒服”。我试了一下，确实只是轻微的不舒服。

当然了，真正有趣的手术开始之前需要进行局部麻醉。

如果我们不坚持使用防晒产品，老斑点消除后还会长出新的斑点。毕竟，时间的脚步一直向前，衰老是不可避免的。

塞邦为我做了一次激光治疗。激光治疗仪会发出强烈的光束，通过治疗仪上笔尖一样的装置将能量传递到特定的斑点上。然后，光会被血液中的氧合血红蛋白吸收——红细胞是传送氧气的媒介，产生的热量就会摧毁斑点，而健康细胞则不会受损。

她为我治疗之前，在我手上涂了麻醉霜。我就坐在一个轻松舒适的躺椅上，戴一副用来保护眼睛的护目镜。直到这一刻，一切还没有问题。她还告诉我，手术会“轻微的不舒服”，不过一点儿也不痛。但是，正如人生的各个方面一样，痛的范围太广了，还需要敞开说吗？手术的感觉就像是被一根又大又粗的橡皮筋反复绷在身上一样。整个治疗过程花了大约30分钟时间，但我觉得好像过了30年。最终的结果——不得不承认，非常好——等两周后疤痕痊愈时，治疗效果已明显可见了。

足部清洁与护理

在美国，典型的足疗就是做些足部按摩，再涂点指甲油。法国人则青睐另一种疗法，叫作医学足疗。这种疗法也被认为是法国女人保养方案的必要组成部分。多年来，它也是我生活的一部分。

经由国家授权的专业人士手持锋利闪亮的仪器护理后，那双被我忽略的双脚变得完美无瑕，我甚至忍不住向它们行注目礼。亚历山大·拉格兰德（Alexandre Lagrande）就是这几年来为我做足部护理的专家。他将我的趾甲剪成指定的形状和长度，轻轻地擦掉死皮、老茧，还有刚刚长出来的讨厌的鸡眼（就用上述那种消过毒的锋利仪器），将每根脚趾周围清理干净，去掉死皮，利用微型的旋转钢砂圆盘将每片趾甲打磨得闪亮、光滑。最后结束时，抹上超级滋润的护足霜，做一次令人舒服得忍不住呻吟出声的足部按摩。我告诉他，我很享受最后一道修饰。通常，他会再多做几分钟，而且，他特别强调，让我每天晚上都往脚上抹些护足霜。我总是保证我能做到，而事实上，我只是有时会这么做。

在法国，医学足疗要比足部美容便宜（一种传统的利用指甲油美足的方式），但效果要好得多。通过持续的居家保养——接下来会描述更多这方面的内容——你可以将一次投资产生的效果维持几个月。如果勤快的话，一年做4次就足够了。如果你打算去法国，我建议你进行预约。一般来讲，医学足疗的花费在25~30欧元（合人民币213~255元）。

说实话，我在足部保养方面比较爱偷懒。美容师告诉我，不只我一个人这样。帕斯卡莱将我发现的舒适的居家疗法用到了我们的脚上。开始时先在温水里洗脚，水里放一把海盐和一片阿司匹林泡腾片。阿司匹林中含有水杨酸，这是一种化学去角质成分（β－羟基酸），再加上冒泡泡的成分，一切都显得很轻快。

泡脚、阅读、思考、放松，这个过程很是享受。脚从水里出来后，就要用到身体去角质产品了，接着处理软化的死皮，如果你觉得精细的浮石很舒服，在下一步去除顽固的老茧时就尽情体验吧。最后，涂上大量的乳木果油或摩洛哥坚果油，穿上干净的白袜子，一切结束，开始睡觉。

你可能在想：这听起来又是一件讨厌的杂务。我猜得对不对？别担心，这种疗法见效很快，你也将很快为你的勤快感到欢欣鼓舞，从而忘记你花费的几分钟时间，而为双脚重新回到“让人忍不住爱抚”的样子雀跃不已。

以上方法都不反对足部美容时使用漂亮的指甲油。我不想让你认为，我不涂指甲油。一年365天，涂指甲油是我每天要做的乐事。没有什么事能像突然从床上蹦起来，看着美丽的双脚更让人高兴的了。有些法国女人整个冬季都不会涂指甲油，只是满足于医学足疗带来的整洁。

如果你认为自己没有时间像法国女人那样护理、保养皮肤，那么，问自己几个问题：我想要从头到脚都美丽的皮肤吗？我渴望看起来更漂亮、更年轻吗？如果我涂指甲油并进行修饰，我会感觉更好吗？

当然，你的答案是肯定的。谁不想呢？当我们对自身感觉良好时，就会显得精力充沛，然后我们会变得无比自信，说真的，还有什么比充满自信而又美丽的外表更迷人的呢？我可以保证，只要你愿意，总会找到时间的。这里挤出几分钟，那里挤出几分钟——一个月内，你就能养成许多好习惯。其实，法国女人和我们一样忙碌，但是，像做生活中的任何事一样，女人必须为自己建立优先列表。

3

化妆

化妆品空前繁多，减法尤为重要

我从未遇见过渴望变成其他人的法国女人。或许有人会承认，自己要是再高些就好了；或者本应该在晒太阳时更用心一些，她们想的仅仅是这些罢了。以我之见，法国女人认为不必改变自己。她们更倾向于尽可能在每个年龄都展示出最好的一面——仅此而已。

本章给了我一个实现梦想的机会。世界知名的法国化妆师花数小时的时间向我讲述了要实现自然美的效果，应该怎样使用化妆品。他们还特别告诉我适合我用的化妆品种类和颜色。因为这次采访，我更加相信专家的建议就是一次性投资，将会产生不计其数的回报。我们不能一直使用同一种化妆品——或许化妆品颜色也不应一成不变。随着年龄增长，人的皮肤会发生变化，大多数人会因此更换护肤产品。此外，重新评估化妆品也很有意义。市场上有许多专为提高中年女人美丽值而设计的化妆窍门和产品，例如，含有反光物质的粉底。

自然美的技巧

自然是法国女人的口头禅。她们希望自然地展现发型、皮肤、妆容、体形、风格、动作和信心，并且一直保持自然状态——表现自身真实的外在。她们还希望我们相信，轻易就能实现自然美的效果，但那是另一件事情。

娇兰的创意总监奥利维尔·埃绍德迈松（Olivier Echaudemaison）很认同一句法国格言，他说："法国女人明白每个女人都是独一无二的。她们知道这一点，并且喜欢这种独一无二。法国女人没有模仿其他人的欲望，也没有想要模仿的美女偶像。此外，她们一直想引诱男人，而且她们知道男人会对明显的技巧起疑。"

技巧是一个有趣的概念。这个词和它的意思在法语和英语中完全相同：聪明的计谋或策略，巧妙的办法，发明的才能，手艺，自然美。人们可能会理解性地认为"手艺"和"自然美"含义微妙，在几乎没有化妆品的情况下，它可以稍稍帮助人们提高自然资本，仅此而已。

当然，这是目前对技巧下的定义，尤其是对那些化妆几乎隐形的中年法国女人而言。但是，法国也并非一直是这种情况，曾经，法国流行用戏剧化妆品表明化妆者在生活中的身份及宫廷内外的人员安排。

在18世纪路易十五统治时期，法国人流行在脸颊上涂鲜艳的胭脂。交际花们把脸颊涂成诱惑性的鲜亮深红色，资产阶级则选择纯净的深红色。那时候的女人甚至在睡觉时也不擦掉胭脂。当时的法国人都以雪白的皮肤为标准。到19世纪早期，人们用来实现理想肤色的化妆品都是剧毒性的，因为那些化妆品成分经常含有铅、水银、砒霜等原料。

在18世纪的凡尔赛宫中，贵族妇女的皮肤通常是苍白色，还有涂成玫瑰色的脸颊和朱红色的嘴唇。作为强调，她们还会在脸上点美人痣（被称为les mouches，字面意思为“苍蝇”），这些美人痣形状很古怪，例如，星状、半月状。女人脸上美人痣的位置经常传递出一个信息——比如说，眼角处点美人痣就意味着“轻浮”（甚至是兴高采烈）。人们还会使用美人痣遮掩瑕疵。

回顾往事确实有趣，很令人神往，尽管有时也会发生事故。从有时间开始，或如法国人所说，“只要世界还是这个世界”，法国女人就一直在寻找提升她们美丽资产的方式，不管是磨碎虫子做胭脂还是榨浆果汁涂红脸颊和嘴唇，她们不断地做各种努力。我很久以前还读到一则消息：人们使用剃刀“削掉”——你瞧，世界上没有什么新鲜事，只是达到目的的手段不同——面部表层皮肤，露出下层更年轻、更新鲜的皮肤，这层皮肤可以更好地吸收所有的危险化妆粉剂。此外，今天的化学剥皮也不是什么新鲜事——只是利用一种不同的方式达到相同的目的。

épilation，即脱毛，也是女性化妆的主要方面。为了得到光滑、无毛的皮肤，女人想尽了办法，比如用蝙蝠和青蛙血、蚂蚁腿当化妆品原料。我曾经试图探索这些初级“化妆品”究竟是如何使用的——它们的效果有多好——但没有得出什么结果。因此，我只能简单地认为它们效果很好，不然，如果这些化妆品不起作用，怎么可能会有人为此做那么倒胃口的事情呢？

关于过去和现在的女人，最有趣的是在国王统治时期，她们都希望自己表现得像另外一个人，从嘴唇颜色、壮观的发型高度到礼服、装饰品，所有的一切都要模仿别人。

今天，这种想法遭到了法国女人的厌弃，如今的她们在很大程度上通过容光焕发的自然装饰，突出表现自己的个性。

每个法国女人都希望通过巧妙地使用化妆品达到这一效果。灵巧的手法，完美的技术，让一个个法国女人看起来都好像不施粉黛，呈现出清丽脱俗的绝世容颜。或者正如著名品牌娇韵诗的国际艺术和培训总监埃里克·安东尼奥蒂（Eric Antoniotti）说的那样"Vous encore plus belle"，意思就是"您看起来更加漂亮了"。

"每个女人都有自己独特的一面。所以，为什么要模仿其他人呢？"安东尼奥蒂若有所思地说。"法国女人就是要展示最真实的自己。"

这就是我赞赏法国女人的另一个原因。她们追求自然，喜欢自然，自己挑选能让人看起来更漂亮的产品。这其实是一个很简单的准则。很多法国女人确实很喜欢某些化妆品、护肤品，但她们很可能不会因为这些品牌选用的代言人而改变想法去买产品。相反，她们会听取皮肤科医生或药剂师的建议。当然，这些明智的建议很有道理。朋友之间还会愉快地分享化妆的成功经历。为什么不欣赏闺密们认可的已经测试过效果的产品呢？

零瑕疵的肌肤

显然，法国人基本的审美观是利用精妙的化妆技巧增进自然美，但除去这一点，如果皮肤有很多瑕疵，那么所有的努力都将白费。

有一位著名的法国化妆师，环游世界教女士化妆，同时为各地明星和上流社会人士化妆，他告诉我："在法国以外的国家遇到的一些母亲让我震惊，她们鼓励自己的女儿使用遮瑕化妆品，却不去找皮肤科医生解决这么简单的皮肤问题。在我看来，找医生解决这些问题可以帮助女孩子树立一生的自信，还能培养良好的习惯。遮掩瑕疵的做法就是一种消极行为，好像是有瑕疵的人本身有问题一样。不找专业医生寻求直接的护理方案而去使用遮瑕化妆品，这分明就是鼓励孩子掩饰问题。”

现实的确如此。法国女孩子很早就受母亲和祖母的指导，从小就明白完美的肌肤是世界上最有效的美丽永驻的秘诀之一。

母亲和祖母可能还会告诉小孩子不采用防护措施而在阳光下暴晒时间过长的危险，及吸烟和过度饮酒的危害，但是，很多人对此漫不经心，从而忽略了这些建议，布利吉特·巴多（Brigitte Bardot）就是其中之一。当然，我们在此并非要讨论年轻人粗心大意的后果。不是这样，我们这么做的原因是要仔细审视好习惯在漫长人生中带给我们的好处。

我有一个朋友，她一直有吸烟的习惯，而且年轻时是在法国圣特鲁佩斯酷热的阳光下度过的——皮肤一度接受暴晒——她以自己为例告诉女儿，要使外貌看起来不比实际年龄大太多，有些事情是不能做的。因此，她的女儿卡罗琳（Caroline）很自觉地使用防晒霜，而且没有染上吸烟的坏习惯。然而，女儿多次试图劝母亲戒烟，最终却失败了。

只要女人悉心护理皮肤，就会收到好的效果，就会显得容光焕发。如果化妆品下的皮肤有瑕疵，那么，使用一层又一层的化妆品和遮瑕产品还有什么意义呢？

没有一个法国女人会在心里认为：“嗯，是的，我确实希望我的朋友、家人和我遇到的每个人都喜欢我今天的妆容。”

确实，我真的怀疑这不是任何一个女人的目标，无论是哪国的女人。“手艺”意味着“手法灵巧”，就像“微妙”“完全自然”。有谁想要别人称赞自己化妆化得好吗？至多，我们乐意朋友注意到自己新用的口红颜色。

使用太多的化妆品，尤其是粉底和遮瑕产品，不仅会看起来不自然、令人反感、过时，而且会使中年女人看起来更老。化浓妆时，化妆品会进入皱纹和毛孔。但中年法国女人使用粉底时，我们就不会看到这么令人反感的一面。

法国女人明白现代化妆品不是用来遮盖皱纹的，而是为了使人看起来更清新，达到肌肤健康、容光焕发的效果。我的朋友、熟人，包括医生，从不被皱纹困扰。“没有皱纹反而不自然，”一位医生朋友告诉我，“事实上，那些通过手术或化妆品遮掩皱纹的女人看起来很恐怖。老实说，我从不把皱纹当问题。”

这个朋友50岁出头，美得惊人，微黑的脸上的皱纹并不会影响她的容颜。她20多岁时我们相识，经过这么多年，我觉得她现在比以前更加漂亮了。

法国女人从内心深处理解人应该重视自己的天然资本。容颜就是一笔财富，可以说，法国女人每天投入时间和精力将皮肤保养得完美有光泽，就是因为这一点。

法国女人的日常妆

法国女人重视清新、自然的容貌，这样的容貌可以增添不惧年龄的活力。因此，除了化妆，她们不会使用更多微妙的化妆方式。青春年少时，她们可能会使用怪诞的彩色眼影、闪光的蓝色唇膏，但是有一点，她们只是为了好玩才这么做。长大成熟后的法国女人则希望巧妙地突出并完善容貌，表现最美的自我风采。

“打扮得清新一些，”奥利维尔·埃绍德迈松说，“所有年过中旬的法国女人都使用粉底。我总是将粉底和贴身内衣联系在一起。因为两者都可以让人安心，使人增强信心，它们对女人来讲最为重要，是女人心中深藏的小秘密。”

日常化妆时，采取一种法国心态，可能从其他方面看起来真的很平凡，但它能改变人生观。我一直很享受化妆的过程，尤其是在参加聚会前，但穿上其他衣服前我要做的仅仅是穿上内衣。现在，我喜欢将这两种姿态看作精致的女人味、个性和精神振奋的表现。心胜于物是一种卓越不凡的信心增强剂。

或许是一种心理问题，抑或是愚蠢，反正我情不自禁地被日常生活中充满积极向上、女人味和及时行乐气息的法国观念吸引。这是我在埃里克·安东尼奥蒂（Eric Antoniotti）教我如何选择和使用粉底时想到的。这一点稍后再说。

你可能会认为不化妆的脸从字面上讲就是脸上没有化妆品，但事实远非如此。

“化妆过浓对任何女人来讲都是重大过失，因为这样会使人看起来更老，而不化妆差不多会产生同样的结果——肤色不好、暗淡无光、魅力值不高等。”这就是奥利维尔·埃绍德迈松对化妆的看法。

“对法国女人来说，这些都是化妆的微妙之处，”埃绍德迈松接着说，“承认自己花很长时间化妆是件无法想象的事。一句对朋友容貌的夸奖至多可能换回这么一句快速回答：‘亲爱的，我只是用了一点提洛可产品。’”（提洛可是娇兰推出的一种传统的粉盒产品，内含古铜色粉饼，针对每种肤色，都有多种色调。使用后整个人看起来显得精力充沛，还带有一丝仿佛刚刚度假归来的光彩。)

“即使说自己不喝酒的法国女人也能喝下一杯酒，”埃绍德迈松如此说，然后又笑道，“你要相信她！”

我们在此先暂停一下。

粉底

每个女人都会问的第一个问题就是：“怎样选择合适的粉底颜色？”

不要介意进行著名的手腕测试。“手腕上静脉蓝意味着这不可行。”奥利维尔·埃绍德迈松说。

那么埃里克·安东尼奥蒂提供的小窍门——看手掌——如何呢？真的可以吗？做这个测试需要一两个朋友配合。我在采访时就和两位女士一起测试过。我们都觉得这个测试很有趣，虽然听起来有点奇怪。测试时，他让我们把手翻过来，手心向上。我和其中一位女士的手掌是玫瑰色的，另一位女士的手掌有点儿桃红色。结果就是：我们两个玫瑰色手掌的人需用黄色基调的粉底，另一位女士应该用玫瑰色基调的粉底。“相反的颜色可以相互弥补，校正肌肤的颜色。”安东尼奥蒂这样解释。

他又补充说，黄色可以产生鲜艳的效果，玫瑰色则有清新的感觉，两者缺一不可。

粉底形态是一种个人选择，我个人比较喜欢液体粉底。

在我印象中，化妆师虽然自己会用，但不会真的想看到女人用粉底刷或专用的特制海绵施粉底。这种态度可能是我的美国式自由主义的又一个范例，我曾经问过两个法国朋友她们是如何化妆的。她们都回答“用手指”。

我刚开始用粉底时感觉很兴奋，就用了粉底刷。这种施粉底的技术值得学习（不复杂，但用着也不习惯）。而粉底刷的效果也很明显，因为使用这种羽毛状的小刷子能快速、均匀地把粉底涂到脸上，着实令人惊奇。

我一直都在使用粉底，但只是涂到鼻子上一点儿，前额上打点儿，眼周围抹点儿，下巴上拍点儿，从来不会涂满整个脸部。根据专家建议，这么多已经足够了。自从他们帮我解决了颜色难题，我感觉化妆效果好多了，我承认我会经常怀疑自己化妆的技术是否还需要提高。

这就是他们告诉我的方法：轻拍、轻拍，在你想要打粉底的部位轻轻地拍，（没必要整个脸部都拍。不过，又有谁会这样做呢？）轻柔地抹匀，而且各部位之间要衔接好，不留分界线。关于这一点，还有一个小诀窍：将双手搓热，贴到脸上，然后在涂抹化妆品的部位轻轻压按。这样，化妆品就更贴皮肤——看起来绝对自然。

我的皮肤科医生瓦莱丽·加莱将日用保湿霜和少许防晒产品在手掌中混合，就做成了粉底。“然后我会再增加一点儿化妆粉剂”，她如此描述。我能证明她的皮肤看起来没有什么要掩饰的。如果她也要掩饰皮肤瑕疵，那还是别当皮肤科医生了。

粉状化妆品

不知你是什么情况，但我一直害怕使用化妆粉剂，直到最近，我还是像往年一样，从不使用粉状化妆品。粉状腮红？不用。粉状眼影？不用。粉状古铜色化妆品？有时用。粉状眉毛增强剂？很少用，我比较喜欢眉笔。但我从未用过透明色调的粉状化妆品，虽然名字听起来很诱人。我还是能抵挡住它的诱惑。大多数法国女人使用粉状化妆品，而且，这是达到自然化妆效果的很复杂的一步。

多亏埃里克·安东尼奥蒂，我最终知道了如何使用透明色调的粉状化妆品。他向我指出了光泽和发光的明显区别。（其实，我知道两者的区别，但我不会处理，这才是问题的关键。）安东尼奥蒂还向我保证，只要透明的粉状化妆品能使用得当，这层薄薄的化妆品下的皮肤就会显得容光焕发。然后，他将一个中型化妆刷在粉饼上擦过，抖掉上面的大部分粉剂，然后轻轻地刷我的前额，接着到鼻下，最后轻柔地扫过下巴。好，看一下效果吧：真的看不到粉的痕迹，就像我读过的每篇这方面的文章一直描述的那样，每个使用粉状化妆品的女人年轻时就知道这种效果。

几乎和我认识的每个法国女人一样，我也深深地被那些美妙的古铜色修容粉迷住了，使用了这种修容粉，肤色就像被太阳吻过那般健康，特别是那种含有少量不知名的发光成分的修容粉，效果尤为明显。奥利维尔·埃绍德迈松为我选了一种合适的颜色——有一种颜色对每种肤色都适用，无论是深色还是浅色——用大型化妆刷轻轻拂过我的前额、鼻子、脸颊、下巴尖还有下颚线。我觉得他是想利用最后一步给我营造出一种颈部提高的错觉。希望会有这种效果。

从数不清的——毫不夸张——渐变的色调和光影强度中选择合适的颜色时，我建议和专家讨论一下。因为古铜色修容粉不能凭直觉购买。几年前，我自己选过一次，我认为没人会喜欢我制造的那种效果——整张脸都显得很脏乱，虽然我也是按一定的方法、技巧使用，且不说花费有多贵，得到的效果确实很荒谬。

既然已经决定使用粉底/粉状化妆品了，而且证实了它们的效果，那么，在镜子前化妆的下一步就是一些细节打扮了，就像那些从衣柜里选出来将人装扮得与众不同的配饰一样：睫毛膏、眼线笔、口红，最有用的可能是淡淡的腮红。

很多法国女人都对像被太阳亲吻过那么健康的肤色梦寐以求——可通过化妆或利用适当的防晒产品巧妙地晒太阳实现。据说，去热带岛屿、滑雪道、圣特鲁佩斯或布列塔尼度假的效果比较好。

然而，在过去，特定地位的女人绝不允许有丝毫轻微的晒黑。如果谁是棕色皮肤，就说明她是农民，而脸色苍白得像鬼一样则是娴雅女士的象征。在“太阳王”路易十四统治时期，宫廷中的女人不得不参加舞会时，会戴上面具，避免脸部晒到太阳。面具通过在牙齿之间系一个扣子固定。（这个奇怪的习俗其实有两大好处：首先，面具可以保证皮肤不受日照，保持白瓷般的精致；其次，戴上面具，女士就可以免于参加让人筋疲力尽的巧辩。）

直到20世纪初期，棕色才开始有了与以往不同的含义：阳光假期、身体健康、自然美等。

最终，我学会了如何使用古铜粉，甚至选择了一种能化出浅棕色效果的深色粉底，像法国女人那样化妆，在奥利维尔·埃绍德迈松替我选择粉底颜色并教我使用方法之前，我没勇气做这样的尝试。

据说，睫毛膏、修眉及眼线、眼影的朦胧效果是由亨利二世的意大利妻子凯瑟琳·德·美第奇引入法国宫廷的。对我们这些生活在21世纪的人来讲，睫毛膏的使用规则是：白天刷一层，晚上刷两层，睫毛膏使用前后都要刷睫毛。

睫毛成块状有两种可能：你刷了睫毛膏，刷得睫毛很不自然；或者更糟糕的是没戴眼镜，结果看不太清楚，所以无法将睫毛分开。

精妙的眼线——紧贴睫毛画一条精细的眼线（大多数人都赞同不画下眼线），在眼线外端停顿，点一下再稍微上挑。要在画眼线之前点，这样它就不会显得太厚、太长，而只是一个轻轻的提升。我也是刚刚学会这一招，而且只在晚上才会用。如果能画得巧妙，真的可以让眼睛变得很有神。

我的大多数朋友都画眼线。我也画了几年，中间停了至少10年，现在又重新开始画了。

眉毛需要精心修理，这一点每个女人都明白，因为眉毛可以勾画脸部轮廓，在眉弓下轻拍一些高光粉后，眼睛会立刻变得熠熠生辉。奥利维尔告诉我，随着年龄增长，眼睛会越来越小——我不确定这里是否用词准确，因此，必须在双眼的内眼角用一点高光眼影，从而让眼睛变得大一些。他还说，如果对比同一个人20年前和现在的照片，就会发现这一点。据他介绍："那一点具有魔力般的轮廓色化妆品可以让眼睛像以前那样重新睁开。"嗯，确实有这样的效果。

别一种方法对大多数人都适用：当人看起来疲倦而且没有时间认真地做更多化妆处理时，在眼睛下方使用每款化妆品都会包含的液体高光化妆棒，从内眼角一点一点地点到外缘，并轻轻地拍打，就会产生奇妙作用。另外，不要忘记——睫毛夹就是一个眼部提升的迷你工具。大概8岁时，我在母亲的梳妆台上紧挨着赫莲娜红色唇膏和美得让人无法忘记的琶音（Arpège）香水瓶的地方，发现了一个睫毛夹，从那时起，我就一直在使用。

不管我恳求多少次，奥利维尔·埃绍德迈松都不答应帮我掩饰黑眼圈，并不是说他当时没有足够要用的产品。实际上，我们那时就在娇兰总部。他坚持说我的黑眼圈很自然。我也知道很自然，但我就想掩盖它们。他却说他喜欢那些黑眼圈。可是，作为黑眼圈的主人，我讨厌它们啊！

据说，19世纪的女人强迫自己尽可能地少睡觉，目的就是自然而然地制造黑眼圈。如果这样还没什么作用，就在眼睛周围画线。好在那个时候，她们已经不再往脸上扑那些细细研磨的有毒金属粉末了。她们换了一种方式，通过喝几升醋和柠檬汁把肤色变得苍白，而这样做则是为了增强代表疲惫、沉陷下去的黑眼圈和整张脸的对比。电影中的包法利夫人以喝醋的方式增加肤色的苍白感，其实她看起来就像生病一样。

移居法国时，我第一次听到的那些都市传说中就有黑眼圈，甚至还伴有令人厌恶的眼袋，而有这些特征则表示女人过着有趣的生活，比如说繁忙的夜生活，我想你能明白我的意思。

我坚持认为人们可以过有趣的夜生活，只要借助一些化妆品，早上依旧可以神采奕奕。

专家一致认为，每个女人都需要两支口红，而且应该是两支玫瑰色系的口红——每个女人都能找到适合自己的一种玫瑰色，甚至是多种玫瑰色——白天用浅色的，夜间用浓郁的深色。

在法国，有这么多完全无辜的主题或事物呈现性方面的内涵。对此，我理解为仅仅是一个笑话罢了。比如说，口红。

法国杂志介绍了一种确定完美玫瑰色的方法。据他们说，完美的玫瑰色就是嘴唇“被轻咬”后呈现的颜色。这是多么大的色情冲击啊！

18世纪，嘴唇的颜色代表女人的社会地位。宫廷贵妇中流行的颜色是石榴红，资产阶级女性嘴唇的主打色是纯净的红色，名声不好的女性一般用紫色。鲜艳的紫色可能是一种广告形式吧，不然，选用鲜艳的紫色口红的女人就是公然宣称自己品德有问题，这不是很奇怪吗？

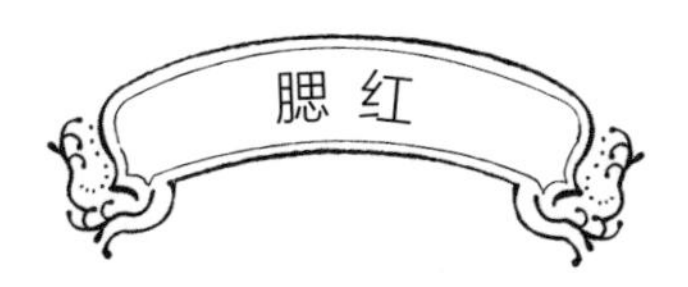

脸颊部位化妆品的名称随着时光流逝已经发生了变化，我们曾经称之为“胭脂”，现在叫作“腮红”，表明脸颊上轻微的颜色迹象——脸红时，在脸颊部位散开的自然红色。

使用膏状腮红还是粉状腮红呢？专家建议用粉状的，他们认为粉状的更容易涂抹，而且能实现更淡的化妆效果。很多女性，尤其是脸部有皱纹的女性更青睐膏状腮红。

打破规则，标新立异

一些法国女人已经通过打破所有化妆规则确立了不可磨灭的标志性形象。突显女人个性化形象的一个元素就是红嘴唇。我朋友弗朗索瓦丝和著名的室内设计师安德烈 · 皮特曼（Andrée Putman）就属于这类人。还有一些人用眼线笔达到小鹿般天真无邪的效果。这些细节是风格和个性的外在体现，我喜欢这种见解。

The Secrets of

跟着法国女人学化妆

下面，我与大家分享在法国生活时学到的化妆知识：

1）使用妆前乳。只需几秒时间就会发生大改变。我已经开始使用娇韵诗晶莹美颜霜了，在面霜之后、涂粉底液之前使用。效果就像妆前液包装上说明的那样“马上让人容光焕发”。

2）先试用。法国女人买任何种类的化妆品之前，几乎都会要一份样品带回家，在不同的光照条件下试用，就像在墙上检测油漆的效果那样。

3）使用化妆师的秘密武器，点亮您的双眸：爱若莎（Innoxa）的人鱼眼泪滴眼液。这是一种深蓝色的植物精华滴眼液，使用之后可以让眼白明亮清澈，人也显得精力充沛。

4）利用手腕顶部和大拇指底部之间的部位，把这里当作化妆“调色板”。这样涂抹化妆品时就容易多了。

5）节省化妆品。埃里克·安东尼奥蒂告诉我，将化妆品挤到“调色板”时，将化妆品喷头按到一半就够了（也就是说，不要一下将喷头按到底），如果需要更多，再按下四分之一。

6）利用手掌做最后一步固定化妆品的工作。在脸部轻轻按压，保证皮肤吸收好。

7）选择一种比肤色浅的粉底可以让人显得更年轻。从另一方面讲，比肤色深的粉底能让人看起来健康，就像刚从滑雪斜坡度假回来一样。颜色太深又会把人衬老，因此还是先试一下为好。大多数法国女人会挑选古铜色修容粉，这样使用更容易，而且更“安全”。

8）试粉底颜色的一个巧妙的方法就

是将其涂到鼻子上，判断颜色是太浅还是太深。

9）使用粉底液。用化妆刷快速仔细地涂抹。

10）安东尼奥蒂说：“每个女人都应该在包包里放一个玫瑰色腮红粉饼，玫瑰色腮红能让脸显得清新，减轻人的疲惫感。”

11）深色口红会让皱纹更明显。可以准备两支玫瑰色系的口红，白天用浅色的，夜间用深色的。有逻辑道理可讲吗？

12）选一个和口红同色的唇线笔，或配有唇部化妆刷的口红。两者都可保证精确地涂口红，实现完美效果。

13）若要快速消除疲态，埃绍德迈松建议在鼻角和唇角处使用轮廓色化妆品。他说：“时间长了，唇角会向下，轮廓色可以提升唇角。”

14）5分钟化妆套路包括白天用面霜、妆前乳、粉底、夹睫毛、修眉、上一层睫毛膏，如果需要，可以涂腮红和口红——完毕。

15）让我牢记的一点：千万不要在公共场所补妆。绝不、绝不、绝不可以。我朋友安妮·弗朗索瓦丝是这样说的：“与化妆有关的任何事都要在私底下做。”

如果不是那鲜艳的无光泽深红色嘴唇和橘红色头发（自然界存在的任何颜料中都没有这种颜色），弗朗索瓦丝就不是弗朗索瓦丝了。坚毅的脸形，羊皮纸般的皮肤，严重图形化的发型，简朴干净的几何体衣着，再加上惊人的嘴唇颜色为皮特曼塑造了鲜明的整体形象。以内衣设计闻名的尚塔尔·托马斯（Chantal Thomass）也喜欢红色的口红。另外，红唇和闪亮的黑发，用剃刀剪的刘海及多数情况下的黑白着装，则是尚塔尔·托马斯个性形象的标志。

这些女人认为嘴唇的颜色就是一个大胆的装饰，是她们个性的重要组成部分，与年龄无关。她们已经向世人展现出不可磨灭的形象。

一名美容专家告诉我："美国人会阅读化妆品说明然后提出问题，法国女人则喜欢自己解决。"（她还告诉我，如果售货员在法国女人购物时夸赞了她，她就有可能不再买任何东西。她解释："我们讨厌售货员说恭维的话。"）

香水

如果不考虑香水那迷人的气息，就不可能单独谈视觉美的方方面面，虽然二者有细微的差别。一直以来，化妆品和香水都密不可分，自然而然地共存于世，一起发展。

一想到法国女人，人们脑海中就会立即浮现出两个画面：香水和内衣。正如一位著名的法国香水"鼻子"（对香水设计师的非正式称呼）所讲："当所有灯光熄灭，空气中萦绕着浪漫气息，人的感觉变得更为敏感，这时，皮肤的触感和香水的味道会让人兴奋。正是香水，让我们陷入爱河。"

我认为，可可·香奈儿曾经的一句话已击中要害：“不用香水的女人没有未来。”

凯瑟琳·德·美第奇还向法国宫廷引进了其他精致用品，当时，格拉斯的一位皮革师嘉利玛先生送给她一副散发着香味的手套。由于制作精细皮革产品的兽皮——从鞋子到时髦装饰品，尤其是皮带、手套和小包包——有一股难闻的气味，人们便向其中添加香味，此举确实是一个绝妙的改进。她开始戴这副香气扑鼻的手套后，宫廷里的人便跟风而上。在许多方面，美第奇不愧为一个大胆的时尚先锋。

就人类社会的方方面面来说，神话、奥秘、礼仪均是时代文明的表现形式。18世纪时，法国宫廷成为世人眼中优雅和高尚的代名词，其中，令人陶醉的香水对这一美誉的获得起了至关重要的作用，然而，这一切都与卫生无关。18世纪之前，人体部位中，只有手和脸会被经常清洗。人们洗脸、洗手、漱口用的是洒了香水的水。没有清洗的身体部位散发的难闻气味就会被浓烈的香气覆盖，如麝香、茉莉、琥珀、晚香玉等味道的香水及各种香水的混合。19世纪则开创了信奉自然的先河，一切皆遵循自然，包括用水，因而，人们也开始经常洗澡。

“美国人会阅读化妆品说明然后提出问题，法国女人则喜欢自己解决。”

无论香水最初问世是为了解决多么尴尬的境况，如今的香水只是单纯地为了愉悦，当然，它确实能给人们带来这种感觉。

香水是高度个人化的产品，是女人个性的延伸，香水洒到人身上后，就会成为这个人的一部分。虽然香水业已发展了几个世纪，但确实是法国人改善了制造香水的精细工艺，而且，大家一致认为是法国人开创了现代香水工业。因此，一想到香水便想到法国女人就不足为奇了。

人们总是不可避免地闻到香水味，并且常常对某种味道刻骨铭心。哪怕是极其微弱的一丝香味也会让我们唤起那段长期遗忘的记忆。一种从未遇到过的香水能引诱我们深陷它那芬芳的诺言中。香味无形，但它有时会以一种不可思议的方式与我们交流。

正如今天的法国女人使用化妆品让自己显得自信（她们只会变得更好）一样，香水也是她们表现个性的一种方式。我问过曾被认为世界上最具天赋的香水师塞尔日·芦丹氏（Serge Lutens），为什么香水对女人如此重要。

他告诉我："香水能够再现对自己的回忆。显然，只有用香水的女人认可自己，用这种香水时，香水才会变得重要，并成为她的一部分。"

当他公开表示"香水是女人以第一人称（我）的身份做出的选择，就像字母'i'上的小圆点"时，芦丹氏已完全捕捉到法国女人对自己的看法，这句话就是很好的说明，不是吗？

大多数法国朋友都是几十年用一种香水。对每个人来讲，选择的香味已经与脑海深处的记忆建立了不可磨灭的联系。有几个人尝试过新香水，多数情况下是因为这些香水是她们收到的礼物，但最终还是重新换成了散发着她们标志性气味的香水。通常，一种香水就是女人生命中最快乐时刻的标志，或许就是遇到了一生最爱的时刻。一个朋友告诉我："我丈夫是通过香水认识我的。"因此，当她用的香水停产后，她很痛苦，幸好最后又找到一款新香水。她描述这段经历为"几乎就像是我又开始了人生的新一段旅程，这似乎很可笑，但转变真的很难”。

弗朗西斯·库尔吉安（Francis Kurkdjian）是与他同名的品牌香水——一系列超乎想象、超凡脱俗、具有异域风情的香水——幕后的“鼻子”，与让·保罗·高缇耶（Jean Paul Gaultier）、纳茜素·罗德里格斯（Narciso Rodriguez）、克里斯汀·迪奥（Christian Dior）和艾迪·斯理曼（Hedi Slimane）、朗万（Lanvin）、艾莉·萨博（Elie Saab）一样。

他关于香水的解释是：“香水之所以让人陶醉是因为它能引起人的情绪波动，香水之所以神秘是因为它是无形的但却无法抗拒。”

和化妆品一样，专家建议女人找不到或不再使用她们一直用的标志性香水时，先拿样品试用然后再决定使用这款香水。库尔吉安称：“买香水时，人们可能会被香水店的香水头香迷住，但必须昼夜不停地试用两天才能做决定。关于香水的选择，还有一点需重点考虑，那就是生活中对自己很重要的那些人是否喜欢这种香水，如果他们不喜欢，自己连同香水就会一起被排斥。”

正如购买化妆品一样，购买前先试用是购买所有美容用品时极具法国特色的方式。无论是护理产品还是香水，法国女人在购买前都会向店家索要样品。决定使用一种新产品前，她们希望能试用，感受一下效果。

库尔吉安如此评价香水：“香水不仅是我们送给自己的礼物，也是送给他人的礼物。只是我们有时没有意识到收到这件特殊礼物的人。”

这个评价太准确了！我在巴黎的街道上经常能感受到从我身边经过的女人带来的“香水礼物”。有时，我禁不住想跟上去询问：“你用的是什么香水啊？”但我始终没有这么做，只是很享受这一刻，然后继续做我自己的事。

法式双颊飞吻为优雅地接受男士或女士的香水礼物提供了独特的机会。我最喜欢的古龙香水之一就是香奈儿绅士男性淡香水。只要外出旅行超过一周，我就会带上一个小喷洒瓶装的样品，如此一来，我就能感受到它的气息。

我女儿安德烈娅的成人礼是“真正”香水——香奈儿19号。我想她在14岁时就收到了第一瓶。如果我能更早结识弗朗西斯·库尔吉安，她应该在8岁时就初次体验这种香水了。

库尔吉安在看他挚爱的小侄女玩耍时产生了一个天才构想。他决定制作一款简单的只有一种香调的泡沫状香水。他的制作理念就是将小女孩引入香水的奇妙世界。该系列香水有4种香味：紫罗兰味、梨子味、青草味和薄荷味，每种气味都搭配适当的色彩，使香水更具吸引力。请你按照下面的方式做：拧开香水瓶，用液体填满棒上的圆圈，吹泡泡，然后随着这些泡泡破裂散发出的香味走到泡泡中间。

自称“香水编辑”的著名香水大师弗雷德里克·马莱（Frédéric Malle）表示，他发现女人更易被那些能改善肤色的香水吸引。香水是一种如此高度个人化的产品，显然，选择某种香水是一种基础本能。

毫无疑问，香水之所以与浪漫和魅惑密切相关，是因为它和化妆品不同，香水是无形的，而人们对它产生的反应常常也是无法言明的。

因此，一个很明显的问题出现了：女人应在哪些部位洒香水，如何洒呢？

一个女人咨询过弗朗西斯·库尔吉安，她是否应该在膝盖内侧洒香水，这样香味就会上升。库尔吉安回忆：“我当时强忍着没说‘这简直是荒谬’。”

人们似乎有一种共识，将香水轻轻喷洒在头发上效果比较好（当然，夏季在海滩上这么做可能就不好了）。运动和流通的空气使香味散发出来。

别管那些洒香水的理论、技巧和讨论，正如可可·香奈儿的名言所讲，“只要是想被亲吻的地方”，女人都可以洒或擦香水。

我请教过的所有男士都同意这一点。

关于本章的结论，我觉得应该告诉大家我和埃里克·安东尼奥蒂双颊吻别说再见之前他告诉我的话，我想不出比这更好的结论了。他当时说：“生来就是女人是上天给的特权。每个女人都应该好好享受这份特权，忘记过去种种，跟着自己的爱、乐趣和激情做每一件事。”

认真来讲，我们不得不崇拜法国人。他们倡导对爱、乐趣和激情的追求，将其作为人生观，这应该是我们可能得到的最好的美容建议。不要有顾虑，洒上香水，化好妆，做最好的自己，态度决定一切！

发型规则：

没有，没有，绝对没有

发型、发色、头发护理

除了让人艳羡的身材之外，可以说，法国女人身上最为耀眼的天然资源就是那浓密、有活力、健康的头发。（当然，身材可能是天生的，也可能是后天塑造的。）我认为，法国女人之所以能获得“无与伦比的优雅女性”这一国际声誉，秀发在其中起了主要作用。

为什么这么说呢？主要因为头发不是一成不变的。过去，年轻的女士长发飘飘，闪耀迷人，但到了一定年龄以后，大多数女性想将长发固定在一处。整齐和实用不可逆转地取代了自然。多可惜啊！

再看中年法国女人，她们在这一特别重要的发式细节方面占据至高无上的地位。她们的头发永远都不会显得装饰过度或死板，随意一阵微风就能创造长发飞扬的美丽，她们似乎根本就不在乎被风吹乱的头发。这就是法国女人看似对发型漠不关心的另一种魅力。发型是她们的又一种心态，让她们表现出年轻、畅快。

为什么会这样呢？其实是因为法国女人花费了大量时间和精力，经历了重重艰难的尝试，去寻找一个真正能帮她实现最佳剪发、染发效果的发型师，她们深知，不管怎样，这些付出都是值得的，绝佳的发型效果使她们看起来每天都很自信、很舒服。法国女人了解自己的需求，但对我们这些人而言，她们有时找发型师来实现自己的愿望需要的时间和精力太多了。

我已说过，我们本身就是自己最大的投资对象，千万不能忘记这条真理。接受这个法国观点后，我们就会承认，投资需要关注和积极干预。有时，不仅仅需要投入时间，还可能需要投入金钱。因此，我要将这一点讲述清楚：头发代表自己。早晨起床后，从镜子中看到完美的发型和发色，你马上就会感到身心愉悦，开始崭新的一天。这就是投资的主要回报，中年法国女人对此再明白不过。须知，为幸福和自信做预算才是真正的生意。在许多方面都可以提倡厉行节俭，但是对有些方面——比如说剪发、染发——应当留出足够的预算。无论财产状况如何，法国女人都不喜欢随意挥霍时间、金钱，但如果是为了头发消费，她们就会变得很奢侈。

法国女人也不必面对每天用洗发水、护发素等产品护理头发的可怕习惯，以及将头发吹弯，做成一种自然发式抗拒的“发型”，然后再用更多的产品定型。正常情况下，法国女人每周洗两次头发。说起来，这就是一个美丽秘诀。用洗发水洗过后，我的头发会在两天内保持最佳状态，可以达到我想要的任何效果。我承认，我的要求并不高，要做的仅仅是梳头发罢了。我会在游泳后冲洗头发，然后抹上免洗护发素，护发素要避开头皮部位，重点涂在发梢上。

我的一位法国朋友指出：“我们不喜欢‘复杂’，因为任何‘过度’的事情看起来都不自然，我们一直希望每个人都认为我们做的所有事情都是毫不费力、完全自然而然的。”

这是她们的另一个秘诀：中年法国女人会公然否认她们花费时间打扮了，最有意思的是所有人都知道这是谎话。这就是一个圈儿内的笑话。

一些法国女人的美容预算里有每周梳理头发这一条。“头发做过后——我的意思是洗发然后吹干——我就会信心百倍，感觉很得体，我认为所有的花费都是值得的。”一个特别雅致的朋友告诉我，她在家做头发的深层护理，但对她而言，花在奢侈的头发护理上的钱，每一分都用在了正确的地方。

剪短还是不剪：这不再是一个问题

每个女性思考的主要问题就是：50岁以后，头发多长才叫太长？这个问题让我们大家左右为难。赞成者认为，头发长度和年龄之间的关系并没有那么紧密，我几乎没有见过留着过肩长发的中年法国女人。法国女演员、电视台记者、我认识的朋友、街上见到的女性，几乎没有人在中年后像美国当前流行的那样留超长的头发。在法国，齐肩头发才是常见的。正如我的发型师米歇尔（Michelle）所说：“我的客户很少会让头发成为肩膀上的‘瑕疵’。她们更喜欢留中等长度或刚刚齐肩的头发，正好在肩膀和头巾之间留下一点空气——光线。”

几年来，我一直在巴黎和我乡间住宅附近拍摄中年女人，将这些照片放在博客上。有些40多岁的女人留过肩头发，当然不会过长。大多数人都留着长短不一的中等长度的头发。想一下法国女演员，没有谁的头发沿后背垂下或绕过后背飘在胸前。

瓦莱丽·特里耶韦莱（法国总统弗朗索瓦·奥朗德的前女友），

是假定“规则”(45岁后不留极长头发)的一个最明显例外。另外，前模特、前“第一夫人”卡拉·布吕尼·萨科齐也在40多岁时留长发。

看凯瑟琳·德纳芙20多岁、30多岁时的照片，你就会发现她那头浓密的金发经常保持过肩长度，并且很出众。如今，如果她还是留那么长的头发，将是多么过时啊。她曾一度留短发，结果流行媒体为此炒得沸沸扬扬，但她很快又变回了经典的过肩长发。不管当时还是现在，她都可以将头发松松软软地扎起来，而且永远受欢迎。

多年前，歌手及演员冯丝华·哈蒂将女孩子气的长长的直发剪成了性感的短发，郁郁葱葱的刘海直逼眼睛，释放出强烈的妩媚气息——同时，她还下决心将头发染成了灰色。不管怎样，她看起来都令人惊艳。让娜·莫罗为了保持柔软，将头发剪成了很有层次的造型。那么，在法国长大的宠儿，人们竞相模仿的时尚偶像简·柏金是什么发型呢？她从以前标志性的传统的笔直长发变为目前呈现在世人眼前的甜美顽皮的发型。

通过仔细查阅几十年的照片，我尽最大可能告诉大家，伊娜·德拉弗拉桑热、阿努克·艾梅及芬妮·阿尔丹几乎一直保持同一款发型，头发各处不时留一个小卷儿，而且她们头发的长度也保持在肩部以上。

巴黎的发型师们仍然主张，没有具体的标准限制头发长度和年龄的关系。基本上，我同意她们的见解。

过完一个重要的生日后，年龄或许会成为我们剪短头发的决定性因素。不管是长发、短发还是长度适中的头发，发型或许才是女人外在个性最重要的延伸。如果剪了头发，她就会变得更漂亮、更精致、更年轻吗？或许会，或许不会。在我采访过程中，如果某种长发很适合一个人，没有发型师认为长发是错误的。

在一个文件夹中，我发现《纽约时报》2005年刊登的一篇文章，报道了女人在年近50岁、60岁时的自由和温柔并非归功于长发。文章接下来写到，性感也是决定性因素。一位时尚编辑表述说头发是“性感附件”。从实际方面讲，过长的头发有双重的优势：它可以保护性地遮挡皱纹、褶子，还可以掩饰整形手术留下的疤痕。真能达到双赢效果啊！

再次回到这一话题，剪或不剪属于个人决定，同时也是女人展示个性的又一种方式。

发型没有规则

“女人和她的发型不可能用规则约束，”给人非凡感觉的非常隐秘（Très Confidentiel）沙龙所有者贝尔纳·弗里布莱（Bernard Friboulet）说。“有什么能比发型更能表现女人的个性，表现女人的全部呢？”

最近，弗里布莱为香奈儿对外关系部总经理玛丽－路易丝·德克莱蒙－汤纳（Marie-Louise de Clermont-Tonnerre）做了一个束状、俏皮的发型。这个发型很迷人，她看起来比以前更漂亮了。在她剪短头发以前，至少有25年，她一直保持优雅、多变的中等长度发型。

采访时，弗里布莱一直奔跑于我和一个正下决心换发型的女人之间。“我的时间都是在为客户服务中度过的，尤其是她们想要将发型做大变动的时候。”他接着解释道：“一个女人想要换发型的理由通常是五花八门的，并不是非要追求新造型或时尚。有时候她们的理由很难理解，仅仅是因为感情因素决定的，但我能理解这一点。因此我愿意花时间为她们服务。”

据我对我朋友安妮·弗朗索瓦丝的了解，她剪了很容易护理的俏皮发型，头发超短带有层次，而且是闪亮的金发。她的头发经常染成金色的，已经尝试过几十种有细微差异的金色。但让我吃惊的是看到她顶着一头红发出席我们的婚礼。不管是哪种发色，她看起来都很漂亮。选择发型时，她总是青睐那些简单并且能表现女人味的风格。

几年前，安妮下决心换了另一种发型。将俏皮的尖状短发留长了些。对她来讲，这个改变很妙。虽然这款发型还是很容易清洗、护理，但却从整体上让她显得更柔和、更亲切、更迷人了。

著名的明星理发师亚历山大·左阿瑞（Alexandre Zouari）为知名女演员及模特马里莎·贝伦森做发型，她有一头浓密的长发，还带着蓬松的小卷儿，经亚历山大·左阿瑞之手，贝伦森的秀发呈现出自然顺滑的飘逸和迷人的光泽。在发型上，左阿瑞和弗里布莱的观点一致。

“好了，发型是没有规则的，”他声称，“我认为一个女人想要尝试新发型是很有趣的，对于中年之后就必须剪短头发，有时候是这样，但大多数情况下没有必要。马里莎·贝伦森选择的发型就很好，是真正适合她的发型。”

我完全赞同他的观点。一天，和一直以来都很出色的演员及模特贝伦森一起喝茶时，我突然意识到如果没有那浓密漂亮的头发，真不可想象贝伦森会是什么样子。头发已经融入了她的风格，她的造型，她那好像与生俱来的独创性的另类时尚方式。事实上，她的这种时尚方式可能就是与生俱来的，因为她的外祖母就是著名的另类前卫创意设计师伊尔莎·斯奇培尔莉。

一些发型师对剪短还是不剪短这个问题的观点模棱两可。很多人表示，过肩的头发或刚刚及肩的头发对大多数女人来说都不是非常适合。之所以适合贝伦森是因为她的头发看起来蓬松而且自然，她还经常将头发向后拢到两侧，再向上梳，露出好看的脸庞。

说到剪短还是不剪短的问题，最重要的一点是什么呢？其实很简单，专家的观点是：选择能让女人自己感觉舒服的发型。

发色难题

我的一个朋友留着长至下巴的齐发，她都是自己给头发染色的。她的发色没有什么差别，一直就是深棕色，跟纯黑色很接近，我认为她将来也会保持这样。当有白发从发根处偷偷露出来时，她就会拿出牙刷，让她丈夫将新长出来的白发染成跟其他头发一样的颜色。她声称自己认真地做过深层护理。好吧，我相信她。

就我所知，她是唯一一个自己动手染发的朋友。与此同时，我的头发的挑染也是一件很复杂的事情。毫不夸张地说，我花了几年时间才最终找到一位能按我的意思做的染发师。找到这个染发师之前，我先是在一次鸡尾酒会上见到了一个女人，她的头发染的正是我一直寻求的同色系又有细微差别的金色。彼此认识后，她直接将我介绍给了米歇尔。

我有一个建议，同时也是我法国女朋友们的观点，找到你能消费得起的最好的理发师，并且接受在此过程中反复尝试带来的痛苦，去吧，到街上拦住那个拥有你梦中追寻的发色或发型的女人。曾经，我在巴黎就鼓起勇气这样做了，我碰到的那个女人也很亲切。她直接拿出一张纸，给我写下了理发师的名字和地址。如果遇到有人拦住你，问你关于你发型的事儿，你难道不觉得很荣幸吗？

留出剪发和染发的预算后，剩下的工作就可以自己做了——洗发、涂护发素、上发膜、做深层热护理等。发膜和深层热护理是专家大力推荐的，也是我在家定期做的工作，付出这么多，效果也很明显，尤其是前面提到的我离不开的挑染。如果我睡觉时没有进行夜间深层修护，我的头发肯定不会有这么闪亮的光泽。

下面，我们将探讨更多发色问题，我曾和两个世界最著名的染发师做过这方面的交流：克里斯托夫·罗班（Christophe Robin）和鲁道夫（Rodolphe），后者在采访期间没有向我们透露姓氏。

国际时尚媒体视他们为艺术家，想到他们服务过的名人，再看看坐在他们沙龙中的女人，“艺术家”好像是一个对他们才能的公正评价。他们遵从经验和创意方法染发，帮助女人们找到能将她们的眼睛和肤色衬托得更为漂亮的色调。

克里斯托夫·罗班对我挑染的头发十分不满意，鲁道夫的评价是还不错。他们两个都表示可以帮我修补一下。至今，我也没有去找他们重新挑染，虽然我对此提议很是动心。

金色、浅黑色、红色……

最受青睐的发色是金色，幸好，金色有无穷的色调。人们喜欢金发的历史相当久远。文艺复兴时期的女人喜欢将藏红花和柠檬汁的混合物涂在头发上，然后戴上剪去帽顶的帽子坐在太阳下晒，这样帽檐可以遮住脸，保护娇嫩的皮肤，这无疑是对她们即将拥有的金发的良好补充。为那些皮肤较黑的黑眼睛的客户染发时，发型师会巧妙地将金色与其他颜色混合，比如混合成不同深浅的棕色。

“对我来说，染金发很容易，”罗班表示，“浅黑色很华丽，它就像黑色小礼服一样，雅致、受欢迎，能给人带来视觉享受。红色就不那么容易了，但如果能染好，将非常性感。”

呼应可可·香奈儿的一句名言“要寻找的是穿衣服的女人，如果看不到女人，衣服就失去意义了”，罗班说他不希望他染发技术的崇拜者对一个女人说“你的发色真漂亮”，相反，他希望听到这样的夸奖：你看起来真漂亮。

灰色头发：一个“明智的”选择

对于灰色，罗班称：“选择这种发色很需要勇气。”

鲁道夫以染灰头发的艺术手段而闻名。他将灰白色称为“明智的”选择。鲁道夫还补充说：“我认为灰色很有现代感，可以展现一个人强大的信心，还赋予女性新特权。”

鲁道夫继续说：“选择灰白色需要一种态度，它是能表达感情的着装要求的一部分。把头发染成灰色或白色也是对女性美的另一种肯定，当然，也是一种不为头发所奴役的选择。”

他完善了“微观”挑染技术，专门为那些头发从白色或灰白色慢慢变为全新的“斑白”色的女性染发，说到这种技术时，他这样解释。

他广为人知的另一点就是将头发的颜色全部去除，从而将发色变为灰白发根的自然色。有时，去除颜色的工作需要超过两天的时间才能完成，因为他做得很认真，几乎是一根一根地除色，他和客户都会因此而筋疲力尽。我有一个美国朋友叫戴安娜，她大部分时间都生活在法国，找鲁道夫做过头发。戴安娜实在不愿意经历头发的成长，烦透了这个阶段。她告诉我：“我很讨厌要坚持每三个星期染一次发根。”

Priceless Lessons

来自专家的宝贵建议

染发师克里斯托夫·罗班曾为凯瑟琳·德纳芙、伊莎贝尔·阿佳妮、蒂尔达·斯文顿、费·唐纳薇、碧昂斯、克劳迪娅·希弗、艾曼纽·贝阿、克里斯汀·斯科特·托马斯、朱丽叶·比诺什等国际名人服务过，可谓经验丰富、技术一流，下面分享一些我从他那里学到的知识：

- 染发前一天，使用深层滋润发膜，去染发师那里时才可洗掉。

- 对于40岁以上的女人，无论她的头发是什么颜色，金色——适合做基色——都可以为她增添活力，从而使人显得更年轻。

- 眉毛的颜色一般要最接近头发的自然颜色。

- 选择颜色时，至多选择一两种或深或浅的色彩最好。“实际上，80%的女性都要求染成比她们自然发色浅的颜色，即使她们不适合这种颜色。”他补充道。

- 连续用洗发剂洗过5次之后，应该对染过的头发做深层修护。戴一个塑胶浴帽，浴帽上面包上热毛巾，可以增强护理功效。（塑胶浴帽不仅能够保存热量，而且可以保证头发上的护发产品不被毛巾吸收。我从未想过塑胶浴帽还有这样的效果。）

- 许多女人相信（错误地）选用了更浅的颜色，她们就会看起来更年轻一些。正相反，太浅的颜色更容易突出人的相貌和脸上的皱纹。另外，选择发色时，还必须考虑眼睛的颜色和皮肤的颜色。

- 玫瑰香水是一种抗氧化剂，它可以清洁头发、清洗杂质、保护发色。罗班有一款产品就包含这种成分，用起来很好，还可以把玫瑰香水和洗发剂、护发素混合使用以达到预期效果。洗发剂或护发素与玫瑰香水合适的调配比例为3:1。

- 使用摩洛哥坚果油（又称阿甘油，从坚果树的果仁中榨取，被摩洛哥首先发现），然后再加适量的洗发剂，就是一个神奇的修护方式。摩洛哥坚果油富含欧米茄6脂肪酸和抗氧化元素，不仅可以用来护发，还可以护肤。因为这是一种“干性”油，它可以为头发增加光泽和柔韧性，而且不会使头发扁塌、油腻。保健食品商店会出售摩洛哥坚果油。

- 薰衣草可以增加头发的弹性和光泽。

- 自然一些才更好。染发的颜色不应偏离自然发色太多。

- 至于增加光泽，可以这样做：准备一大碗凉水，加入一个柠檬的汁液，用水和柠檬汁的混合液染最后一遍。这种方法可以让头发有光泽。

“我好像得到了一面‘逃出牢笼重获自由’的金牌。发根不断长出来就像是一个噩梦，”戴安娜说，“鲁道夫为我去除发色用了两天多的时间，每天大约8个小时。我已经被这个漫长的过程吓到了，但他还是一根一根地去色，还告诉我，他觉得年轻的脸和白头发搭配是多么漂亮。我每次变得情绪不安时，他都会想办法让我冷静下来。第一天离开美发沙龙时，头发还是青灰色；第二天结束时就已经是白色的了，而且从那以后一直是这样。你不知道我有多高兴。”

我还有一个朋友叫尚塔尔，她是我见过的拥有最漂亮发色（自然浅金色）的女人之一。后来，她的头发变成了白色，是那种混合了金色的白色，非常漂亮，而且自然。她所做的仅仅是先用中性洗发剂洗一遍，然后用另一种洗发剂（略带紫色可以避免头发变黄）再洗一遍，偶尔用一次深层护发素。因为有这么漂亮的头发，她曾经在街上被人拦住问染发师的地址。

无论罗班还是鲁道夫都认为灰白色的头发要选择现代、生动的发型。想要显得年轻，灰白色的头发就必须有动感，既不能卷曲也不能蓬乱。这就是他们的看法，也是我在此见到的灰白头发的唯一发型。我敢肯定，许多女人都不会赞同。如果到最后灰白色成了大胆、明智的选择，这种发型可能就会被公开讨论了。

修护和保养

和我采访过的其他发型师、染发师一样，罗班和鲁道夫对大多数女人坚持认为很重要的日常洗发、护发产品的应用感到吃惊。女人们想知道为什么头发会贴头皮、变黄，他们也对此表示哀叹。其实这些问题都是护发产品累计使用和自然油脂剥离的结果。

头发或皮肤自然分泌的油脂并不是我们的敌人。

罗班告诉我，他的那些名人客户来染发时，头发上都带有油脂，或涂着他提供的薰衣草护发素（确实是很好的护发素，他给了我一些），并且用发夹在后面别成了发髻，她们都是这样准备染发的。“油脂可以进入颜色孔隙，和颜色融为一体。”他这样解释。

罗班也强调：“油脂一直排在颜色前面，它能保证发色将头发的美丽展现出来。”

这个观点对我和我的固定发型师来讲很是新鲜。为此，我和米歇尔做了尝试，并向她解释说试验的目的就是编写本章的内容。试验结果说服了我，油脂确实能让发色更艳丽、更有光泽。米歇尔也这样认为。

与罗班交谈时，他告诉我几个有趣的招数。其中就有跟他一个摩洛哥的客户学到的用毛巾擦头发的完美方法。我向大家解释一下：准备一条一般尺寸的浴巾，将其对折3~4次。然后，身体前倾（站着或坐着），让头发垂向地面，从后颈处到发梢快速抽动浴巾擦头发，接着从前额擦到发梢。这样重复做几次。我保证可以有惊人的效果。头发是潮湿的，但是会产生发卷，因为这个特殊的用毛巾擦头发的过程来回带动了大量空气。

鲁道夫和罗班都认为我的头发很好（对此我不会谦虚），因为我至少做了一些适当的护理工作。

Applying
应用课程

头发修护指南

跟罗班学习了一些知识——他的客户有朱迪 · 福斯特、苏菲 · 玛索、凯特 · 哈德森等名人——现在我把这些经验和你分享：

- 用洗发剂（应根据个人发质、发色特别选择）之前，往手掌中倒入适量“干性”油——如摩洛哥坚果油，双手互搓为干性油加热，然后抹到头发上。头发吸收几分钟后再清洗。

- 对大多数女人来讲，每周用两种洗发剂足够，但每次洗发要用两遍洗发剂。

- 大多数女人——包括我在内——使用了过量的洗发剂。其实只需倒入手中像一个榛果的体积那么多的洗发剂就行了，再加入少量的水，双手互搓，将其在两侧的头发上涂抹开，然后再涂抹头顶。使用护发素时也是如此。少即是多，而且仅涂抹发丝、发梢即可。

- 我的固定理发师米歇尔也没有自己的护发产品系列，她告诉我，买专业护发产品更为经济，因为专业产品通常都是强效产品，相对于普通产品来说，用量更少。

- 金发女性和白发、灰白发女性第二遍洗发时应该使用浅紫罗兰色洗发剂（第一遍选用中性洗发剂）。不建议使用洋甘菊洗发剂，因为它会使头发变黄，千万不能使用。洋甘菊洗发剂适用于蜜黄色和淡褐色头发。

- 使用发膜也很重要。不管是发型师、明星还是米歇尔，都无一例外地建议每月要进行一次深层修护。

- 关于发色，下次赴约去美发时可携带一张本人在孩童时期的照片。“我喜欢看女士孩童时期的照片，可以发现她们真正的发色。如果有可能，我希望能看到几张不同年龄的孩童照片以了解她们发色的变换过程。”鲁道夫说。

- 关于金色头发，外出一天后，可以用四分之三杯摩洛哥坚果油和一个柠檬的汁液护理头发，将它们搅拌均匀，就像做油醋汁一样，然后涂抹到头发上，30分钟后洗掉，头发会更有光泽。

虽然鲁道夫和罗班优雅奢华的美发沙龙是人们在巴黎染发时梦寐以求的两个地方，也是为世界上最知名的女星和美女们做头发的地方，这两个沙龙并没有因为名气变得趾高气扬，里面的气氛还是很温馨，工作人员对顾客也很热情。从沙龙门前走过的所有女性都会像名人一样得到关心和友好的问候。他们两个很受人敬重。谈到女人时，他们都会透露出一种善意和尊重。作为染发师，他们深知女人和发型之间的特殊关系，两人都为他们那些自信而慷慨的女性忠实客户感到开心，并为她们的美丽而感动。

如你所想，找克里斯托夫·罗班和鲁道夫做头发都很昂贵，但还是有客户省吃俭用，积攒费用专门找他们染发。

法国一个偏远小镇上的客户听说过鲁道夫后，攒了几个月的钱，然后预约到鲁道夫，最后乘火车来到巴黎迎接染发的重大日子。染完发回去时，鲁道夫准备了一份适合她发色的护理秘方，并记在一张卡片上送给了她，让她交给她们小镇上的美发师。

法国人经常用délicatesse（柔和、礼貌）描述一个人对另一个正在紧张、害怕的人表现出的友好、善解人意及温和。当然，不要把这个词想得太细，因为本章的主题毕竟是头发，而délicatesse往往用在非常戏剧化的情境中。我认为这个词非常适合描述巴黎大多数高档美发沙龙招待客户的热情。

在多数情况下，那些女人可能是第一次或最后一次路过这些大商场。一些人会被店内的豪华、高档微微吓到，还有一些人为这次美发留出相当多的预算。她们是来寻求美发方面的帮助的。因此，她们来店里预约的目的可能会比精湛的剪发和完美的染发复杂得多。这就是专家们为顾客服务时要做的——既是心理学家，又要扮演执业医生，还要担任艺术家，怀着一颗善良体贴的心，利用自己的知识和技能努力让每一位美发的女人心情好起来，笑容多起来。

5

饮食方式

吃得好的艺术

法国著名美女蒙特斯潘侯爵夫人（Marquise de Montespan）身姿迷人，为世人赞赏。她是路易十四长期以来最喜欢的情妇，并为他生育了7个孩子。生养孩子为蒙特斯潘带来了不可避免的苦恼，那就是体重增加。据说，为了抑制食欲，蒙特斯潘选择大量喝醋。（一个医生告诉我这种方法可能对抑制食欲有效，但会让人很不舒服。）

由于受所有描述这一主题的书籍和文章的影响，我们都愿意相信法国女人不会发胖。这个观点基本正确，法国女人确实不发胖，但她们时常需要减掉几公斤的体重。毫无例外地，我采访的每个法国女人都表示保持苗条的体形是她们优先考虑的事也是她们面临的主要挑战。

不得不说，听到这个消息让我感觉好多了，原来其他人（包括我）需要百般努力才能做到的事——保持良好的身材，对法国女人来讲也不是天生的极为容易的事。为了一生中都能保持令人羡慕的身材，法国女孩子很小的时候就懂得要如何吃及吃什么。显然，她们良好的习惯是从小养成的，但这并不意味着中年女人不能改变她们的饮食习惯。我的饮食就有变化。

健康饮食方法

从整体上讲，法国是一个坚定的注重饮食健康的国家。播出每则广告时，电视屏幕下方的内容都是关于“小吃”的——包括酸奶和苹果酱，提醒人们每天要食用大约5种蔬菜和水果。

最近我看到一则很温馨的关于婴儿食品的电视广告，画面上一个深情的妈妈在用汤匙喂她可爱的孩子吃一种传统的水果泥——孩子明显很快乐。产品广告开播几秒后，屏幕下方闪现出下列警示语：“教育您的孩子在两餐间不要吃零食。”

这种警示语在法国无处不在。

从孩子断奶时起，吃饭时喝的饮料就是水。每个孩子的面前都不会放高杯的冰牛奶，餐桌中间也没有大瓶苏打水。法国孩子吃饭时的饮品只有水，事实上，他们口渴时也是只喝水而不是其他饮料，就像他们的妈妈一样。法国孩子还了解大量不同种类食物的味道和材质的差异。蹒跚学步的孩子就吃茴香和卷心菜（至少家长会给孩子介绍这些食物，还有其他“洋味”食物）。孩子们理解他们吃的食物没必要都是甜食。

受妈妈和奶奶的教导，法国孩子从小就知道食物不是敌人。无所顾忌的不规律饮食和过度饮食才是敌人。

法国小女孩儿不仅学习怎样在餐桌上吃得健康，还学习怎样在厨房做饭。许多8~10岁的女孩子已经能够不用大人帮助独立做苹果馅饼了。准备、展示和吃的过程中的规矩是帮助人们准确定位食物的主要因素——愉悦享受和适量饮食。

法国家庭晚餐结束时会享用一个自制的苹果、梨和/或一些酸奶组成的果盘（当然不加糖）。馅饼、蛋糕、慕斯和焦糖布丁都是待客的好食物。这些食物一周至多食用一次，让人身心愉悦又充满期待。实际上，许多营养学家建议人们晚上享用果盘。这样不仅能给晚餐留下甜美的回味，至少（一位营养学家还告诉我）苹果酱还可以帮助人们进入良好睡眠。

法国女人和食物之间的健康关系自然而然地让她们在吃的方面对数量和质量采取实事求是的做法。大多数情况下，法国人会节省享用鸡尾酒和美味甜点的时间，特殊场合除外。

她们好像天生就懂得什么时候挥霍热量，什么时候不值得这样做。

这么吃才苗条

一天下午，我在为本章秘密搜寻素材，坐在安杰利娜（Angelina）的饮品店里（该店提供堪称全巴黎最美味的热巧克力），我发现当我用汤匙把搅得起泡沫的奶油淋到糖浆浓度高、非常可口的热巧克力上时，我周围的法国女人都在小口地抿茶，茶面还漂着比纸薄的柠檬片，而且她们看起来还是极度愉悦的样子。

饮食专家克莱尔·布罗斯-当德里厄（Claire Brosse-Dandrieux）

告诉我："我们成长在这样的文化氛围里，时尚和美食都触手可及，而且，法国女人非常争强好胜，她们想把每件事都做到最好——爱人、母亲、厨师、职业女性——同时始终保持时尚潇洒。"她接着说："坦白讲，只有相对苗条的身材，着装才会好看。"

我又顿时醒悟：一切都与个人风格有关，虚荣心就是强效食欲抑制剂。

为做调查，我在午餐及聚会时观察我的朋友，并随机暗中观察那些在餐厅就餐且拥有人人称羡身材的法国女人，当然还与专家交谈。

法国女人明智而审慎地看待自己的体重。她们都有一个固定的体重点，在那个固定数字的基础上，她们允许自己的体重在节日、特殊活动、假期等时间内有2~3公斤的波动。这种生活方式为它们带来许多好处。身材不走样，同一件衣服它们可以穿好多年，有益于身体健康。她们控制着身体而不是受制于身体，这会带来一种无限的满足感（心胜于物）。

如果那些还不够刺激，世界顶级整形医师尚·路易·赛贝格医生指出，将体重保持在合理的范围内是现存最好的抗衰老疗法之一。他说："法国女人天生理解这一点，通过过度节食和锻炼使脸形太瘦或中年之后体重漂浮不定绝不是一件好事。如果太瘦，脸上就没有象征青春活力的'脂肪'垫。体重大波动次数太多，脸部肌肉就会松弛，到中年以后就不能回弹成形。这是一个平衡的问题，法国女人把这一点应用于生活的方方面面。"

除极少数人外，我朋友还有我编写本书时遇到的女性都告诉我，她们在本质上就是吃货。她们很喜欢吃，如果不是更喜欢一些好看的衣服，她们会马上转向她们最爱的食物。

我曾经看到我朋友热纳瓦·盖尔兰（Genevieve Guerlain）在一个大型盛会上为一片巧克力蛋糕而着迷，然后她拿起叉子轻轻地切下一小块，仅仅是叉齿的一半那么大。就是这么一小块巧克力蛋糕，她甚至没有咬到最后包着糖衣的部分，然而，她却双眼放光地告诉我："我超喜欢巧克力蛋糕。"

最近我们在她豪华的公寓享用午餐。在那之前，她在电话中说："就我们两个人，享用一顿女孩子的午餐，怎么样？"

对我来讲这个主意太妙了。那顿饭有精选蔬菜和海鲜沙拉，只有巴黎才能看到的面包，奶油——如果有人需要（事实是没人要），酒，甜点是一小份红果酥。然后我们转移到客厅喝咖啡，挨着托盘有一盒巧克力，我们每人吃了一块。

这些年来，我相信她们关于爱吃的讨论大部分都很优雅。毕竟，尽情地吃也极富美感——尤其是在晚会上或与一个男士单独进餐时——然而还要保持苗条的身材。法国女人时常吃得很尽兴，但是随后就马上戒酒。

我确信正是因为法国女人真正地喜欢美食和酒，她们才能成功控制体重。每天用餐美味又营养是拥有并保持好身材的真正秘诀。通常，选择食材和做饭需要投入同样多的精力。精致的饭菜是例外，简单的饭菜才是常见的。

现在，和大多数法国女人一样，我每周购买三次新鲜农产品。商场是我最喜欢的地方之一，而且这些年来，我已经和蔬菜商建立了关系，他们中的一个会帮我挑选洋蓟——如果花瓣是闭合的，就说明洋蓟很新鲜。卖奶酪的女士对品尝样品很大方，而且她清楚每块奶酪的油脂百分比。鱼商称过我们买的产品后会额外送一些海螯虾。卖烤鸡的年轻人总是试着跟我说英语。水果商挑选出今天和三天后要卖的瓜。他在今天的瓜上贴上标签。这是一种奇遇，是我喜爱的法国生活的一部分。

我一个朋友埃迪特说她是“高效”地吃。她说她更喜欢时令水果而不是含糖的零食（但如果你把从餐厅带回来的一块咖啡味奶油条酥放在她面前，她会自动忽略自己的那些说法）。冬季，她每餐都要先喝一碗汤或吃一份撒有麦芽和豆芽的沙拉，而且，她只吃糙米，不吃精白米。埃迪特就是一个喜欢蔬菜、水果和鱼的人。

埃迪特说：“我根据身体需要选择吃最好的食物，所以我精力充沛。”确实如此啊，仅仅看着她就能让人筋疲力尽。“我从来不考虑体重问题，我也从不节食。我有一个三层的蒸锅，几乎可以用它煮每一样食物，因此我不会增加不必要的热量，但随后我要用橄榄油炒鲜蘑菇，这样这顿饭就更美味了。”

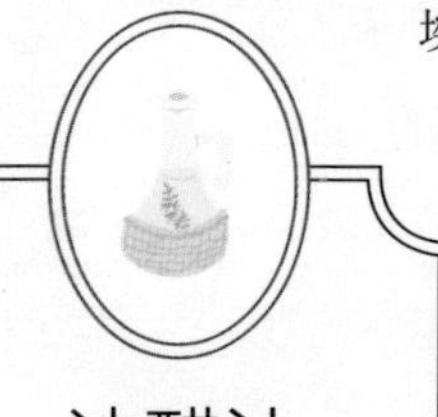

油醋汁

混合两汤匙的特级初榨橄榄油或冷榨未过滤的菜籽（油菜籽）油，一汤匙水（水通常情况下可代替三分之一比例的油），一汤匙醋或柠檬汁，一汤匙芥末，新鲜香料。快速搅拌，芥末将油与水混合在一起。（配制油醋汁的配方比例为三比一——我说的三是两份油、一份水再加一份醋或柠檬汁，也就是说同样的配方可以配制出更多油醋汁。）

亚历山德拉·富尔卡德是一名内科医生，有三个年龄在16岁到26岁之间的女儿，她也表示从没有节食。她公开宣称：“节食已过时了，那样在精神上太浪费时间。我甚至不再考虑吃的问题。我自己知道吃什么好，吃什么不好，身体都会告诉我的。吃得好或不那么好时我能感觉到。如果我破例喝酒、喝香槟或吃甜点，那就是一个清醒的决定，而且我享受那一时刻。”

她和我采访到的所有人一致同意：酒精不利于养护美丽肌肤。这恰是饮酒要节制的又一个原因。

当富尔卡德医生的一个女儿遭遇体重问题时，富尔卡德医生带她去咨询了一位营养学家。然后，她开始遵循食物疗法，现在像她妈妈和姐妹们一样正常饮食——不需要节食。富尔卡德指出：“这样做不是因为妈妈的唠叨。这是她自己的决定，也是她的责任。”

我认识的人都倾向于在家吃清淡的晚餐。夏季是沙拉、水果，有时还会在烤架上烤鱼，冬季是汤。每天的精选甜点是酸乳酪。冬季，我们可以制作苹果和梨果盘——当然不加糖。

法国餐通常会以一道开胃小菜开始，例如沙拉或一道简单的汤，然后随着我们慢慢地吃主菜，大脑才有时间记录人体饥饿或饱腹等状态。时间就这样自然而然地进入到就餐过程中。众所周知，大脑和胃取得联系需要花20至30分钟的时间。

注意

正如她们所说，法国女人跟我们大家一样，有时也需要“集中注意力”，这种情况转变为一个主流。她们也已经转向了流行食品组合和快速饮食。（你可能会想起的最新的那一类食品就是法国的，但它现在已经遭到女人和医学界的拒绝。）有人向她们的医生索要魔力药片，但这些天她们用的却是各种草药疗法，当然，这至少可以带来心理上的激励。

然而最重要的是根本就不存在所谓神奇的法国药物解决方案，如果你愿意的话，一颗银色的子弹就足够了。我的内科医生告诉我："解决这个问题有两个秘密武器：决心和苹果。"原谅我，我没听错吧？

他和克拉尔·布罗塞-当德里厄（Claire Brosse-Dandrieux）都强调，只有我们确保自己永远也不饿，节食才有效，或者说我们是天然的存在——天然是指不接受任何加工食品——我们可以利用快速直接的方案，很容易地解决这个问题。就我所知，每个法国女人的第一道防线就是热茶。当我们想把某种食物塞进嘴里时，热茶可以让我们保持清醒，打消吃东西的念头。

我的内科医生会保证他的汽车里始终放着几个苹果。我的一个朋友弗朗索瓦丝在不确定自己是否有"正确的食物"可以食用时，总会在出门前带上煮鸡蛋，而我最好的朋友安妮·弗朗索瓦丝一直在手提袋里放一袋杏仁。她解释说："你永远不会知道什么时候就用到了。"

法国女人保持一日三餐的习惯，天天如此。这或许就是她们下午零食（如果她们沉迷于某一种）吃得很少的原因——比如，带一小片水果的茶、两块黑巧克力、一杯酸奶（一直都是原味、含脂肪2%、不脱脂酸奶，有时候夹带些新鲜水果）或少许杏仁。（埃迪特吃杏仁前会在水里浸泡，杏仁就会稍稍呈"萌芽"状态，她声称这样更有益健康，容易消化。）

我的研究表明她又一次完全正确。浸泡可以分解杏仁中的纤维，从而使它们更易消化。这对我来说很新鲜。在所有与杏仁相关的神迹中有一个事实，即杏仁应该是一种"补脑食品"，它富含能增强记忆力和智力的必备脂肪。

我的朋友和认识的人中，没有一个是骨瘦如柴的。过去几年，我经常会看望他们。事实上我是住在巴黎附近而非巴黎，因此我有更多观察法国女人和她们的身材的机会。我的双眼已习惯于各种苗条的女人，但不包括瘦到令人震惊的那种。我们回想一下：伊娜·德拉弗拉桑热身材极高、偏瘦，是法国女人中一个明显的例外。大多数的法国女人都是中等身高，骨架娇小。

正念饮食

最近，我遇到一位知名法国医生德尼·朗博莱（Denis Lamboley），他专攻营养学，并且（至少我认为）在挑战减肥和终身保持好身材方面有一些新方法。

朗博莱医生要求他的患者将导致他们以吃东西为发泄方式的压力和情绪当作万能药。他解释说："想象一下你正面临一个威胁，你会怎么办？你会决定如何逃跑摆脱那个威胁。你要思考，要行动。这一点很关键，不仅是在减肥过程中，更重要的是终身维持这个状态。要学会三思而后行，使用正念疗法。"

正念是指将注意力完全集中于当下，不去评判头脑中的想法和已有的经验。正如你可能了解的，"正念"一词来源于东方的精神和宗教传统信仰，如禅宗佛教。郎博莱医生还鼓励患者利用正念处理压力、情绪，正视食物，抵制诱惑。他强调，一旦我们回顾某

浸泡杏仁

1. 用清水冲洗普通未加盐的生杏仁，然后将水滤干。
2. 将杏仁放入碗中，加入充足的水，水要没过杏仁，也就是水与杏仁的比例是2:1。
3. 用布封住碗口——杏仁是需要呼吸的。
4. 将封口的碗在室温环境中放置8至10个小时。滤干水、清洗，就可以吃了。

种情况并做了决定，我们就要接受这个决定并继续向前。他不喜欢与食物相关的犯罪感，并且保证只要人能够用正念做决定，犯罪感就会消失。

朗博莱医生指出，人饮食只有两个原因：饥饿和快乐。这也是我的新口头禅——法国人正是这么做的。他还说如果我们纯粹因为快乐想吃某种食物，而且有意识地吃了两块四分之一大小的杏仁小圆饼，我们就应该享受这些食物，不要产生犯罪感，一刻也不用。

克莱尔用我们都熟悉的诱人的巧克力来举例。你一定遇到过类似的情况：你很想吃某种食物，头脑中想的也都是这种食物（巧克力），这时你该怎么办？

克莱尔说："去吃吧，如果你不吃，你将喝掉一杯无脂或低脂酸奶，然后你满脑子想的还是巧克力，所以你会再喝一杯酸奶，然后还是想巧克力。接着你会吃一片水果。然后呢？还是想要巧克力！这时候，你会忍受不住而崩溃，最终还是吃下巧克力，但是你这时已经喝了两杯酸奶，吃了一个桃子，而且还不满足。这都是因为你想要的是巧克力，你本应该吃的也是巧克力。"

读过与本主题相关的文章的人都知道，吃巧克力的首选是黑巧克力，它至少含有70%的可可，慢慢地咀嚼、品尝，或许可以再来杯茶使美味带来的愉悦更持久一些。

克莱尔强调说："吃的时候千万不要有犯罪感。如果对食物产生犯罪感，如巧克力，吃的欲望将与饥饿感无关。任何感觉都不能代替欲望。因为它是从心理上产生的，而不是简单的生理需求，况且，人生何其短暂，没必要拒绝快乐。"

食物即庆典

几年前我阅读过一份调查报告，报告中问了法国女人和美国女人一个同样的问题：“当想到巧克力蛋糕时，你大脑中闪现的第一个念头是什么？”

法国女人回答：“庆典。”美国女人却说：“罪孽。”由此可以清晰地看出两者思维模式的差异。

一个突然兴起的欲望可以持续12分钟。朗博莱医生的一个助理伊莱恩·莱布尔（Elyane Lèbre）和我一起坐在皇家蒙索酒店餐厅就餐时向我解释了这种情况。她从菜单上挑选了许多自己喜欢的食物，我们边喝冰咖啡边吃两块四分之一大小的杏仁小圆饼。她建议，我们可以马上做12分钟其他事情克制突然产生的欲望，比如涂指甲或打一个电话。正念会帮我们识别危险，让我们保持当前的状态，然后我们再做决定。

最近我遇到了弗朗斯·奥布里（France Aubry）医生，她是一名内科医生、营养学家、作家，同时也是一个中年女人。奥布里医生说：“饮食制度不是惩罚，它必须通过一种可以保持的方式运行，直到达到目标体重，然后通过合理的分析，开始正常的生活、饮食。”和其他医生、饮食专家一样，奥布里也建议她的患者要现实地看待自己的体重。

一个合理的法式饮食安排
示例周

早餐

鲜榨柠檬汁加入大杯室温水（水太热会破坏维生素C）、一个猕猴桃、两片全麦烤面包刷一层薄薄的纯黄油、一个或两个鸡蛋或者两杯含2%脂肪的牛奶制成的酸奶（每杯125克）及一大杯牛奶咖啡，同样是含2%脂肪的牛奶。

*你可以修改食谱，但要保持蛋白质、脂肪、水果和热饮的含量。平日、休息日及超模标准节食日的早餐模式相同。

午餐

下列食物中的一种：一片去过脂肪的火腿、鸡肉或火鸡肉，泡在水里的金枪鱼或其他鱼类，配有一小份油醋汁的沙拉（见菜谱），一片水果，香蕉、葡萄、干果除外。

你会发现这些材料可以做一道厨师沙拉。

超模标准减肥午餐（每周3天）：200克鱼肉及鸡肉或150克肉类食物。一个150克的瘦肉汉堡很合适。两杯酸奶或200克白奶酪，不幸的是可能已经找不到这种奶酪了。

晚餐

蔬菜汤、鱼肉或白肉、煮青菜、一杯酸奶或一个水果。

超模标准减肥晚餐：蔬菜汤或400至500克含有一茶匙橄榄油的煮青菜。甜点是两个烤苹果或一个果盘，当然都不加糖。

****要点：**超模标准减肥餐要在同一天吃。富含蛋白质的午餐可以驱走饥饿。清淡的晚餐以我们身体健康所需的维生素结束这一天。这些日子里没有酒。

需特别指出的是，这就是奥布里医生的饮食安排这么成功的原因，无疑也是她在法国这么出名的原因。她的饮食安排基本如下：她每周允许有两顿“自由”餐——一顿午餐、一顿晚餐——这就意味着可以吃红酒炖牛肉和土豆、酒、不加糖的水果甜点（她建议菠萝）。其中一餐中如果用鱼肉代替了其他肉，甜点则可以吃巧克力奶油条酥。

每周三天是她的超模标准减肥餐的特征，并且早餐保持不变，午餐全蛋白质，晚餐要么是蔬菜浓汤加果盘，要么是煮青菜（400~500克）加一茶匙橄榄油，甜点是果盘或两个烤苹果。

她的饮食安排允许每天喝两杯酒。我一天从不喝两杯酒，但是就她知道饮酒能带来快乐这一点而言，允许饮酒这一点就很有趣。

这是我见过最简单的饮食安排，三个尝试过的法国朋友也赞同我的说法。超模标准减肥餐也是度假、参加盛宴、过量进食后重回正轨的重要方式。

奥布里医生给患者开出一种很神奇的——我保证，我没有夸大其词——以植物为根本的药，叫作美加丝（Madécassol），这种药最初是为了促进血液循环而配制的，后来她发现该药可以作为利尿剂，在减少脂肪团方面有良好效果。我去药房开药时，药剂师向我保证这个药很好用。用过之后确实有效！

她还给患者开按摩处方，让患者借助理疗师按摩再次除去体内的水、废物和脂肪团。我几乎有些讨厌告诉大家这一点，但还是讲讲吧：这些治疗费用包含在法国公费医疗制度所承担的费用之中。我对奥布里医生说：“法国万岁。”她回答：“不是这样吗？”

按摩效果显著，就像用卷尺量过那样肉眼可见。经过着手调查编写本章的素材，我不得不告诉大家，按摩真的不好玩，虽然法国女人沉迷其中。从这种情况来看，按摩很明显就是一种自我矛盾。理疗师从不接触患者身体，患者要穿上从脖子到脚踝上下相连的紧身衣裤——不能穿内衣——然后利用机器按摩皮肤。最不幸的是，按摩时这个奇妙的机器还会吸、夹皮肤，而且机器有若干个速度档位，理疗师工作时也会（确实）有很大的压力。将这次经历描述为一次工业用真空吸尘器对类固醇的袭击再恰当不过了。

按摩结束后需要饮用大量的水以排出脂肪团。这样做确实有效。这不是什么奇迹，但它确实有助于塑造体形，对排泄过程也十分有利。法国女人喜欢在饮食外附加一些健身方法，包括在美容中心和温泉水疗浴场享受土耳其浴、蒸气浴和真正的按摩。

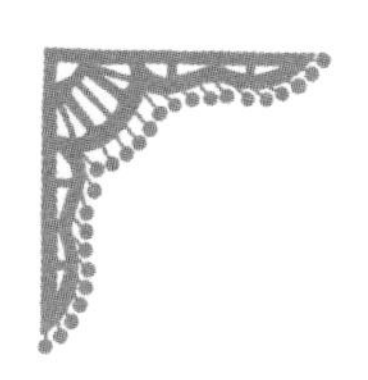

Q&A

奥布里医生的解答

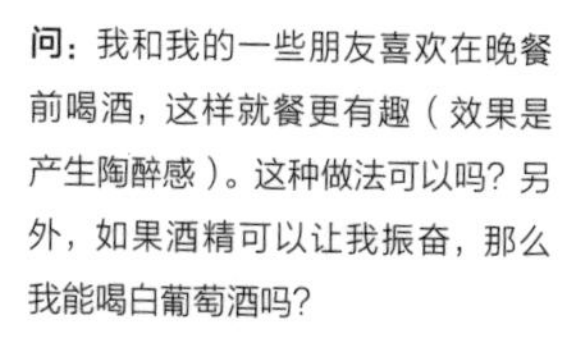

问：我和我的一些朋友喜欢在晚餐前喝酒，这样就餐更有趣（效果是产生陶醉感）。这种做法可以吗？另外，如果酒精可以让我振奋，那么我能喝白葡萄酒吗？

答：可以在晚餐前喝酒，但随后要快速解决晚餐。要让酒精和晚餐的食物一起消化。你可以喝白葡萄酒，但是我更中意红酒。要记住，白葡萄酒会让你精神紧张。

问：如果下午4点或5点真的饿了，面对蜜糖无热量食物的诱惑忍不住做出令人遗憾的决定要怎么办呢？

答：吃一片水果，喝些茶；或吃些水果，喝一杯酸奶或一杯番茄汁；或者喝一杯V-8蔬菜汁。当然，你可以吃少量的杏仁。

问：您认为在睡觉前喝杯花草茶怎么样呢？

答：我很喜欢。

问：您怎么看豆类，如扁豆这类食物呢？

答：我很喜欢豆类食品，平时搭配鱼或鸡蛋可以吃一小碗，但不要吃肉。

问：巧克力怎么样呢？

答：巧克力当然可以食用，饭后可以食用黑巧克力，但要适量。

问：奶酪呢？毕竟我们生活在法国。

答：只能吃一些软奶酪，例如卡门贝尔奶酪、布里软酪、吉夫干酪（山羊乳干酪）等。当然是偶尔吃一些，不可以每天吃，而且吃过奶酪后不能再吃甜点。

问：饮水方面呢？

答：饮水不足很不好，喝得太多也不行。我们每天应该饮用1.5升水及其他液体饮品。饮水过多会造成滞留，饮水不足会引起整个身体——体内和体外的痛苦。我建议大家每天喝1升水，剩余的水需求从其他饮料中获取。

问：我们知道您会说拒绝加糖，但为了甘美的口感，能不能偶尔在酸奶中加入一点点儿蜂蜜、龙舌兰花蜜或木糖醇（从桦树树皮中提取的天然甜味“糖”）呢？

答：可以的，但一茶匙就够了，而且，不能随意食用。

问：您怎么看待食物排毒呢？

答：我觉得很好，但是一周做一天就够。我通常建议患者使用蔬菜汤、加一茶匙蜂蜜的花草茶和果盘来排毒。这对改善肤色的效果也很好。

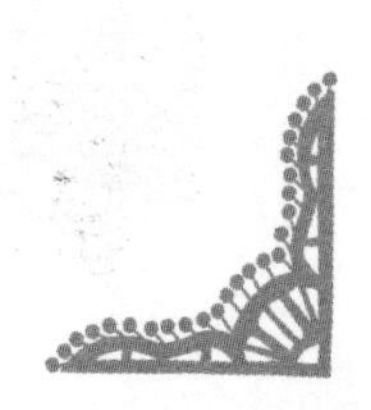

接下来是对法国女人如何保持身材及她们对食物的健康心态的综述：

- **增加一道汤或沙拉**。一些专家称，每餐增加一道头盘，我们午餐和晚餐的总热量就可以减少多达20%。蔬菜汤就可以缔造这个奇迹！

- **坐着吃饭**。我从未见过法国女人在厨房站着吃饭——或在其他地方站着吃饭。确实如此，你也知道，站着吃饭会影响到人的正念，而正念恰恰是我们提倡的新的生活方式。

- **轻松愉悦享受每一餐**。享受每种食物。

- **不带犯罪感，享受巧克力**。想吃巧克力时，就吃少量的黑巧克力吧。朗博莱称，下午4点至6点之间是享用巧克力的最佳时间。奥布里医生觉得饭后吃巧克力更好。（我采用正念方法，想起巧克力时我就会吃它，不管是一天中的任何时间。但我只吃一点点儿。去法国前，我从不知道巧克力棒还能细细品尝并保存下来。）

- **阅读食品标签**。伊莱恩·莱布尔告诉大家："如果某种食物内含有超过5种成分，它就很可能不利于我们的身体健康。"

- **马上购置一个蒸锅**。我所有的朋友都有蒸锅。埃迪特甚至有一个三层蒸锅。蒸是做出可口美味，发掘食物精髓的好方法。
  在外面如果你没有搅拌机，你会马上希望拥有一个搅拌机做汤和冰沙。法国人对冰沙有浓厚的集体热情。

- **聆听身体的声音**。不管盘子中还有没有食物，法国女人吃饭时都会在感到吃饱的那一刻或前一刻停止进食。

你会惊讶上述方式的简单。一旦你采用了法国女人这种享受美食的同时保持好身材的方式，你就会发现它确实是一个充满欢乐的简单生活方式。

6

需要运动吗？当然！

法国女人的运动要义：享受健身

周五上午我教授英语会话时，旁边教室在上拉伸课，那些女士做着伸展触天的动作。楼下大厅里，另一组女士正全身心地练习普拉提。还有两个熟人在练太极。我认识的许多法国女人都已经报名参加某种形式的瑜伽训练。

我上的水上体操课更是流行，初学者都没有报名参加的机会。今年，一个周六的早上8点我从床上爬起来（真是记忆深刻）去排两个小时的队，这还仅仅是为了报名。每年360欧元的费用，我得到每周7次水上体操课的可能。（这一年，我确实一周去上7次课。）

这些锻炼活动有什么共同之处吗？大多数参加者是中年法国女人。她们因为各种原因参加锻炼。一些人因为更年期到来希望促进新陈代谢。一些人希望保持身体的年轻状态，保持动作流畅。

参加水上体操训练的女士有20多岁的新妈妈，也有一位自称83岁的女士，她应该是这个年纪。据她介绍，水上体操有利于减轻关节炎的痛苦，而她在游泳池内外的悠闲活动很明显证明水疗确实有效。她经常骑自行车去游泳池锻炼。

一位最近刚刚庆祝70岁生日的熟人告诉我，每周参加三种锻炼课程——拉伸、瑜伽和太极——使她免遭关节炎的折磨，而且她现在还可以像30岁时那样轻松地走动、散步、骑自行车。我见过她在镇上走路的样子——每次都是挎着大篮子步行去商场购物——现在还像年轻时那样轻快、敏捷。

我一个40岁刚出头的学生，午饭前一结束跑步课程就会穿着衣服下面遮盖的泳衣匆匆跑进隔壁的室内游泳池。

所有这些表明法国女人参加锻炼，而且有越来越多的人参加。千万别相信你听到或读到的那些关于中年法国女人不锻炼的鬼话。相信我，她们在锻炼。我们一起在锻炼。

安妮·布雷顿（Anne Breton）是一名优秀的训练有素的舞蹈家和以上所提的非水上锻炼课程、舞蹈及健身课程的教练，几天前她告诉我，应学生的要求，她又开设了一门私人训练课，特别是那些中年女人，她们知道一对一集中训练将有助于更规范、更有效的锻炼。我问她参加她课程的学生和她私下收的学生的年龄，她说："从30岁到70多岁不等。有些人一周参加三次锻炼，有些人一周只参加一次，这都由她们是否工作而定。过去10年，我见证了一次健身房健身"大爆炸"。我认为女人已经意识到，为了保持健康和年轻的状态，即保持身体轻松运动的能力，她们必须锻炼。”

布雷顿已有26年教授各种形式的运动及爵士、芭蕾舞的经验。她的初级课长达60分钟，她的课程导入部分包含下蹲起立、拉伸，重点是腹部、臀部和手臂的锻炼，最后以放松伸展结束。她介绍说：“随着课程进度向前，我会增加重量训练和弹性训练。”她还教授晋级课程。

她指出，她的课不是嬉戏场所。布雷顿介绍说：“我见过一些训练课，女人们在课上交谈、交换菜谱、闲聊，但这些在我的课堂上不会发生。我们上课时就是锻炼，全身心地投入锻炼。”她接着保证：“但是，我们乐在其中。”

虽然布雷顿不教普拉提，但这并不影响她成为这项运动的超级粉丝。“普拉提简直就是一种调整身体、伸展、运动的绝妙方式。它打破了年龄限制。”

在她见证的那场新的健身“大爆炸”中，布雷顿发现越来越多的女人开始做运动。她说：“不仅仅是年轻的女性，这些天，四五十岁的女人也在慢慢加入进来。”布雷顿骨架较小，身材令人称羡，试想，她一周要锻炼28个小时（不包括她私人训练时间）。她说自己不节食，只是适度饮食。“我们要一直这样做下去，我从不剥夺自己的权利。”

看到她的学生排队进入健身房，我发现那些女人有的是正常体形，有的苗条，其他的稍差一些——实际上有几个身材圆胖的。她们基本上就是我每天见到的女人的缩影。安妮向她的学生解释说，运动可以为身体塑形、锻炼肌肉、保持关节舒适运动，但是，“如果你想减肥，就必须减少体内的热量”。她说她有这么多的肌肉，要比体形图上标示的符合她身高的标准体重重得多。“我必须一直向我的女学生们解释这个现象。”

我们谈论的话题自然而然地从肌肉转到脂肪团，这时，她又毫不犹豫地回答：“女人都有脂肪团，我也有。”我表示很难相信，但她发誓说这是真的。她也不会为此烦恼，因为这是一个极小的问题，不过，她还是以自己为例向那些女士说明她们可能也会有一些赘肉。

大多女性杂志没有运动类的文章，一个月极少有人锻炼，我们最初去法国时，这些现象实际是不存在的。

不同级别的高雅奢华的健身俱乐部在全国遍地开花。有些俱乐部很简单，但都会包括一个足够开水上体操课的游泳池，若非为了参加繁重的跑步、运动课，使用配有教练和基本健身设备的健身房，也有少数法国女人会喜欢一个土耳其浴室。

在巴黎，可以发现美得惊人的温泉疗养场所，提供上流社会时尚的核心硬件设施。过去几年间，顶级酒店都添加了越来越多的豪华运动设施和精心护理便利设施。充满精力的运动后，你可以享受到巧妙安排的绝佳疗养，你会不由自主地产生一直住在这里的想法。至少一家酒店（我曾经在那度过了难忘的一天）很快将会制订一个全方位的健康方案，包含上述所有方面和个性化的饮食建议。有人告诉我其中一些方案与减肥完全无关，不过是为保持健康，甚至全面抗衰老而设计——都是对运动和饮食有益的建议。

人们也不必一直待在酒店。至少就我所知，法国在这一领域和其他许多领域一样，在保证市民生活质量方面有独特的方式。城镇和乡村，不论规模大小，都会以合理的价格开设课程，居民可以报名参加各种课程来丰富生活。在我教授英语会话的城镇，可供选择的活动有专家陪同去博物馆的短途旅游（公共汽车将所有人从城镇大厅接走，将他们送到巴黎，下午6点返回），适合所有年龄的各类型的绘画课，多等级的计算机课，钢琴课，读书俱乐部，各种舞蹈和运动项目。该镇有3 400人，一个游泳池，可以提供所列出的课程和训练班。

中年女人是这些课程和训练班的积极参加者。我有一个60多岁的学生，结束计算机课后就穿过门廊接着去学英语，90分钟后她又会前往游泳池。

许多课程，尤其是运动培训，是学生根据需要自己选择的，学生还可以享受家庭折扣、高龄折扣，而且可以根据自身计划和预算按小时参加运动训练及游泳池的相关训练。另外还开设夜间班，专为白天工作的上班族提供便利。

一次，在我最喜欢逛的商场挑选白桃时，我发现旁边站着的正是一个将近一年未见的水上体操课上认识的朋友。打招呼问过“你好”之后，我们开始讨论运动。我的这位朋友叫玛丽，现在70多岁，她说她搬到了凡尔赛，目前在那里练习水上体操。

她向我介绍那里的情况：“那里有精彩的运动项目，他们提供水上自行车。我开始骑得很慢，但水上骑行真的令人难以置信。我以前从未想过沉浸在游泳池里骑自行车。”

接着，她开始说服我让我和她一起运动：“我们稍后一起吃午餐吧。”为了达到目的，她给了我一点儿甜头。我心动了。凡尔赛离我们家大约有30分钟的路程，然而我通常的（尽管很好，但不那么复杂）水上体操课都是5分钟的门到门骑行。如果我认真起来，可以骑行15分钟。

位于我们镇另一个方向的乌当镇距离我们有20分钟路程，那里有一个新建的最先进的健身房。这个健身房配有水上自行车的设施，它是市政当局开办的。朋友米歇尔（43岁）告诉我，只有打电话提前预约自行车才能上20分钟的指导课。她说："如果迟到3分钟，你就会失去预约好的位置，他们的要求很不可思议。"

连拉罗什富科子爵于1892年在巴黎建立的超高级保罗俱乐部（简称"Le Polo"——大家对此都不陌生）也已在其游泳池投入了水上自行车的设施，这让许多俱乐部会员很是懊恼。一个会员向我抱怨："我们是去游泳的，那些自行车真讨厌。"

这就是事实，我认为中年法国女人和我们看待运动的方式尤其不同。她们并不倾向于提倡"一分耕耘，一分收获"。但我一直认为法国女人相当喜欢体育运动，而且和她们自然地将散步和骑车变成生活方式一样，这些明显为她们带来了"一分耕耘，一分收获"的好处。

她们喜欢乐在其中的感觉。看到那些中年法国女人（好吧，其实是任意年龄）骑车穿梭在巴黎街道上，裙裾飞扬，不戴头盔，我都会吓得心脏猛地乱跳，然而她们看起来却是一脸的畅快和满足，就好像在享受她们轻松快乐的一生。

从严格的爱好体育运动方面讲，网球运动参与人数众多，高尔夫球运动参与人数急剧增加。在我们这里，骑马是一项大型活动，需要我说明这是没有高尔夫球车的高尔夫球运动吗？这些运动都是社交性质的运动，能消耗热量，令人身心愉悦。当我向朋友提及高尔夫球车时，他们都感到很困惑。他们说自己是去那里锻炼的，为什么要用高尔夫球车呢。我有三个朋友正在上高尔夫运动课，一个正在她丈夫的要求下参加比赛。

"我讨厌竞争运动，因为我在这方面做得很糟糕，但我认为从理论上讲，竞争可以帮助我运动，”她有几分哀伤地叹气说，“我必须一直提醒自己那里的清新空气对我是多么有益。”

过了中年之后，大多数法国女人开始去网球场练习双打——条件允许时还会进行混合双打。这样就更加有趣，而且不用跑动那么多，这种将快乐加倍的方式极具法国特色。人人都更喜欢混合双打的现象显著地提升了运动的趣味元素。“确实很神奇，在欢笑的同时，我和我丈夫还可以保持超级竞争力与朋友对战，”一个熟人告诉我，“我们好像又回到了童年时代。这简直不像运动带来的感受，就是感觉非常舒服。”

大多数与我同龄还有和我同一个年龄段的女人，都喜欢尽可能在有新鲜空气的地方运动。很多人认为在健身中心骑车是一种愚蠢的行为，虽然他们也很乐意停下来坐在地板的垫子上，然后出点汗。他们并不反对室内运动，但他们本能地有一种在运动的同时接触大自然的需要。有人说，这种欲望是法国农业时代的传统自然而然且又符合逻辑的延伸。他们相信，在乡村的新鲜空气里深呼吸可以保持年轻和活力，并对大自然抗抑郁的功效大加赞扬。

我从未在乡村享受过丰盛的星期日午餐，我说的不是喝过咖啡再长时间散步然后才开始的那种。

每个周末，在我们居住的兰布莱森林附近，一家人都会骑自行车沿着前法国国王最美的禁猎保护区内的蜿蜒小路前行。祖母和母亲在最前面，率领着一群不同年龄的孩子浩浩荡荡像赶鸭子一样。

法国女人不仅要求她们的孩子每天食用新鲜水果，而且希望孩子尽可能地呼吸新鲜空气。法国人的观点中有一条就是保持空气流通，这也是精心照顾自己的一个要求。另外，夏天可能会摘到野生黑莓，秋天、冬天能采到蘑菇则是激励人们在户外漫步的又一个原因。这些消遣活动已成为几代人过家庭周末的一部分。

采蘑菇在法国乡村很受推崇。（法国每家药房都会无偿帮客户鉴别他们采到的蘑菇，向他们讲解哪些是可以食用的，哪些是有毒的。）蘑菇爱好者们在森林里都有自己隐藏多年的秘密角落，他们都是扒开枯死的落叶和苔藓，采下找到的蘑菇。大多数人不会泄露采蘑菇的位置，但很乐意分享他们丰收的成果。一个好朋友每年都会给我送四五次牛肝蕈。发现蘑菇的地点就是她隐藏最深的秘密。当然，我对我们之间的安排很是满意。

除了已经融入日常生活的锻炼，与运动相关的家庭度假也是法国文化的一部分，也就是冬季运动（滑雪）、夏季户外运动。大多数法国孩子刚刚会走路时就被带到斜坡处滑雪了。我的女儿会和朋友去他们的小木屋，参加学校举行的滑雪旅行。我丈夫的侄女（一个50岁出头的医生）每年和她的丈夫及3个女儿一起度过两次滑雪假期，一次在3月，一次在12月。夏季，他们在比亚里茨附近租一所房子，在那里玩风帆冲浪。（周末时她也在乡村骑自行车，并且每周有两天会在下班后去讷伊的奥林匹克游泳池游泳——就在她家附近。）

一些家庭每年都会去布列塔尼度假，因为他们相信在海洋游泳并呼吸这里的离子能保护人体，从而一整年都可以避免感冒和流感的侵袭。我丈夫也相信这一点，并且声称这就是他小时候他们家住得离大西洋只有几十米远的主要原因。他妈妈也因此坚持在布列塔尼度过暑假。和现在许多的妈妈与奶奶一样，她相信布列塔尼海边的空气是保护孩子整个学年不受感冒和流感侵扰的秘密武器。

我的朋友埃迪特给自己设计了一套运动方式，包括每天游泳（春天和夏天，秋天是在她乡间住宅的游泳池里），然后洗桑拿（她还有一个桑拿浴室），骑自行车——不是在巴黎骑（“我是在乡村骑自行车，巴黎很恐怖我都不敢把它骑出来。”她承认道），寒假滑雪，每周5天和简·方达（Jane Fonda）一起锻炼，然后她会吃掉6种谷物的蜂蜜烤面包，大豆酸奶（她不喝牛奶产品），绿茶，一把杏仁（提前在水中隔夜浸泡过，从而将杏仁去皮）。在巴黎时，她到处走动，并且只在十分必要时才会乘坐地铁。

埃迪特是一个最严重的坚持穿戴整齐出去散步的人，也是一个星期日的午餐反对者。不管是阴雨连绵还是阳光灿烂，大雪纷飞还是泥泞不堪，寒风凛冽还是雨雪交加——无论天气状况多么恶劣，都无法阻止她冲出家门呼吸新鲜空气的坚定步伐。当有朋友反对时，她马上就会拿出雨衣、帽子、手套、围巾、袜子，甚至还有不同尺码的靴子。靴子太大怎么办？“给，再穿一双袜子。”换句话说，她那里根本不存在不出门的理由。回到家后，她拿食物补偿我们一下，茶、每人一块燕麦饼干，或许还有（只是可能）两块至少含70%可可的黑巧克力。

最近，我又看到一则出现在电视屏幕下方的警示信息。这是一条很新鲜的信息，和那些我已经很熟悉的提示人们不要在两餐之间随意乱吃，以及每天反复吃5种水果和蔬菜的信息不同，这条信息说的是“动起来”或“运动吧”。

这不是一个设计元素最复杂的网站，但你可能会喜欢点击

www.mangerbouger.fr，在这里你可能会找到法国人对吃和运动的观点。其中一个标题为“50 Ans et Plus”（意为50岁及以上）的特别版块很有趣。不必对语言十分熟悉，你可以清楚地理解它传达的信息和意图。

我们可以从法国人将每天的运动与生活相结合的做法中学到很多。我领着狗在家后面的田地里散步时，四处充盈着野草莓的芳香。小狗自由嬉闹的快乐和我采一篮子黑莓带回家的喜悦让我高兴好长时间。不是草莓成熟的季节时，我可以捡烧壁炉的柴火，狗会驮一些回家。我觉得自己是一个对生活充满热情的多面手。这种户外短途旅行就是一次不像运动的运动，极具法国特色。

The DRESS CODE

穿衣密码

即使运动时要求舒适，法国女人也会穿上合身的衣服。她们绝不选择不得体的服装。

我在运动课上见到的法国女人是这样搭配着装的：绑腿、干净利索的瑜伽裤、T恤或紧身背心、某种款式的运动鞋。法国女人通常会穿一件舒服合身、毫不肥大的衬衫，外面搭配某种羊毛衫。

她们偶尔还会穿宽松的运动裤，法国人称之为“慢跑运动裤”，不同的是这种运动裤很合身，稍微宽松但不肥大，穿起来不会感觉像迷彩服那样。

法国女人不会从衣柜里选择彩色或颜色过度耀眼的衣服去健身中心或慢跑。她们更喜欢深蓝色、黑色和灰色的衣服。一件白T恤衫或紧身背心就会使整体着装的效果很好。而且没有人穿带图案的T恤衫。

注意：没有哪种运动服可以代替街头服饰穿出家门。同样，运动鞋或跑鞋也不行。法国女人都是穿着得体才出门的。

7

解决衣橱难题

开创素净色领域

哎呀，低调含蓄的美丽竟然胜过过分修饰的美丽！这道谜题花费了几年时间才被破解。这个题目你也知道：为什么中年法国女人能永远保持雅致、有女人味、自信而且皮肤看起来很舒服呢？

她们的衣柜与我们的如此不同吗？理论上讲，我们拥有的衣服和她们大致相同，但不知为何我们搭配不出那种恰到好处的自然的效果。这是为什么呢？

其实，在我们目光所及之处就隐藏着蛛丝马迹，但就像我之前调查的大多数人一样，我也没有弄清楚这个极其讨厌的“我不知道为什么”的解释，而每个人也都将它视为令人失望的妥协。那么到底如何将“这种令人费解的解释”应用到我们的衣柜和幸福感当中呢？

接着我就顿悟了，突然间明白一件事情：法国女人喜欢被关注。

“不要在意搭配规则。”最近一个非常优雅的中年法国女人向我这样解释。

与她突然相遇时，我正在和一个法国男人深入谈话。这个男人对法国女人及她们所喜欢的时髦感，为了自己消遣同时娱乐他人而选择的“穿着”方式有许多有趣的观点。

我们大多数人在很多时候都会对周围审视的目光感到些许不舒服。我们希望在许多层面听到赞美之词，其中就包括穿衣风格的选择，但我们并未真正达到隐喻性评价阶段。法国女人却做到了。她们明白自己会受到关注，并乐于受关注，而且为此做了相应的准备。

一些其他国家的女人（不知道是不是在说你呦）在穿着运动服、走了形的文化衫，梳着马尾辫素面朝天冒险出门时总存在侥幸心理，想象着不会碰到熟人，但事实并非如此。就这样，我们在周围的邻居、杂货店、商场、度假认识的朋友甚至自家人中，总之我们在所到过的地方都留下了不好的印象。因此我们需要穿好衣服再去那些地方，这样才能赢得尊重，传递自信。

在交流、采访及首次见面时，我们都会斟词酌句来表达情感，来展现我们个性、才智、情绪的诸多方面。因此，绝不能说衣服不是我们意愿的体现。服装并非小事，它是我们给自己定位时不可或缺的因素。我们可以通过服装的选择传递信息。

我不在意是否会在街上遇到同一个人，只知道自己留给他人的印象很重要，而且作为一个生活在国外的美国人，我觉得自己应该秉承一颗爱国心去建立一定的穿衣标准。

保持好姿势

毫无疑问，你肯定在想:“太好了，我接受这种观念，但我该怎样获得它呢？中年法国女人又是如何做的呢？”

在自己观察的同时，我也询问了她们。我一直认为解决问题需要追根溯源。

从古至今，简单的法国人解决这个难题的过程是漫长的，充满痛苦和刺激的。“我无衣可穿”这个情况有一些基本的又让人难以理解的原因。

自我暗示的态度是必要的。而它以自我认知——身心相连为开端。

认知自己。每一个法国女人都本能地知道，除非你能真实地评估自己，并在此基础上合理地装扮自己，否则你得不到高雅的风格。让青春永驻、韶华长存的唯一简单的秘诀就是“首先了解自己，然后再合理地装饰自己”埃皮克提图（Epictetus，古罗马哲学家）这样说。

然后笔直地站立起来。

衣服的组合呈现出一种坦然自得的自信，这就是法国女人的着装风格。我们每个人都知道怎样笔直地站立，所以我们可以猜想。

一个中年的法国女人为什么看起来比实际年龄要小呢？答案就只剩下一个主要的原因——她们行走的姿态。法国女人都有着看起来很棒的姿态——无论是站还是坐。除非她正在与一个男人闲逛，或是正和最好的朋友聊天，否则她们常常都是阔步向前而不是漫步街头。她肩膀后耸、昂首挺胸，任头发自由地飘动，轻轻摆动的肩膀貌似快要承受不住那漂亮大气的包，她们的步伐那么悠长而坚定，给人一种要去冒险的感觉。

我还需要再追加这句话吗？——法国女人走路的姿势和坚定的步伐让她们的服装显得那么时髦、有内涵。

法国女人将自己的外观定位在原汁原味的东西上，把这个因素考虑在内，你就找到了最主要的原因。中年法国女人会告诉你她从不花“一丁点儿时间”在化妆和着装上。她会宣称从钻出被窝的那一刻起，她就一头扎进洗漱间，洗澡、化妆、试穿衣服，总共用时30分钟。在自己的衣柜面前，她从不允许自己烦躁、受干扰，当然也不允许自己优柔寡断。我相信她，但也许要除掉时间表，尽管我的一个好朋友每天都努力去实现这个“30分钟奇迹”。在她们法国南部的房子里，我和她还有她老公待了一段时间，我看了她实验的全过程。其实她完成以上那些事情（洗澡、化妆、挑选衣服）还剩余几分钟，但她却用这几分钟去寻找她的太阳镜。

重新思考，再次拒绝，重新塑造

中年法国女人已经非常了解自己了，她们的着装风格就是切实的反映。她们已经为自己确定了最好的衣服颜色和裁剪风格，在此基础上仅允许微小的调整，但也只是佩戴少量自己钟爱的饰品。20世纪70年代选择的迷你裙、30多岁穿过的那些张扬炫耀的透明内衣以及再也穿不进去的阿泽丁·阿莱亚（Azzedine Alaia：出生于突尼斯，法国著名设计师，号称“紧身衣之王”）连衣裙，都已经传给了女儿、外甥女和外孙女，孩子们穿着她们过去一直穿的衣服，这也是她们看起来年轻的原因。她们知道高雅与低俗的区别，那不是一个试图让自己显得年轻的女人一直要考虑的问题。显而易见，法国女人在每个年龄段看起来都是最棒的。

她们投资买来的许多衣服在她们身上都可以连续穿上20年。坦白讲，这些衣服能在她们身上那么多年（体重2~4公斤上下浮动，不同时期身体比例也有变化，在此情况下，她们的衣服依然合身）而魅力不减，这另有原因。必要的话，她们亲爱的裁缝会对那些衣服做些许调整，而这也是好衣服的另外一个优势：衣服在缝合处和褶边处都留有一定的余地。

从躺在衣柜里珍藏多年的最爱中，她常常会选中一件YSL（Yves Saint Lauret：圣罗兰，法国时尚品牌）的黑皮革铅笔裙[也可能是一个相似的板型，比如说一件从雅昵斯比（agnès b.：法国简约派宗师，设计风格简约、尊贵，非常强调艺术本质）买来的价格上更便宜一些的替代品]，夏天穿的村姑衫，一些外套，各种类型的外套或是永远不老的黑色迷你连衣裙。每个人最爱的东西都不相同。如果她足够幸运的话，可能她拥有一套香奈尔套装，也许那些日子她不敢梦想着全都穿上它，她会穿上套装里的裙子再搭配一件圆翻领的毛衣、一件白衬衫和一些臀部配饰。她的皮夹克已经与她的女性气质背道而驰，但它也不会从她的衣柜里被永远移除，因为它与她的香奈尔衬衫搭配还可以创造出很多的惊喜。说到香奈尔针织夹克，它毕竟是一个开襟羊毛衫，不能与什么搭配呢？牛仔短裤，皮革裙，还是丝绸晚礼服裤……你知道的吧。

那件她可能要花一年的积蓄才能买到的皮裙从来也不能与皮夹克搭配，与任何能抹杀人幻想力的衣物（毕竟，这是经典）搭配反而能营造出更好的效果。美农（女士套头上衣）再不能作为“服装”与农妇裙搭配，但其与白色牛仔短裤搭配，看起来却很清新脱俗。一件奶油色软皮夹克与灰色法兰绒裙子、白色衬衫或高翻领毛衣的搭配却成了意外的“rock 'n' roll”（Rock and Roll：摇滚，一种节奏强烈的乐曲形式）的细节。储备一些做工精良的T恤衫是必要的，高翻领和V领羊绒毛衣及风格活泼的白色无袖衬衫也必不可少。

就像卡尔·拉格斐（Karl Lagerfeld）说的："把你拥有的所有衣服重新再组合，那就是即兴创作。让自己变得更有创造性，不是因为你必须这样，而是因为你想要这样。演变进化就是我们迈步向前的秘诀。"

中年法国女人会"彻底改造"她们最爱的物件。她们在混合新旧事物或者以新的方式混合两个旧事物上的创造性，是永远向高雅进化的课堂。

以一件曾风靡一时的农妇裙为例。中年法国女人会将它与一件T恤或一件衬衫搭配，用一条由围巾即兴改造出的腰带、一条宽腰带，甚至是一条丝带来收腰，最后再加上一双登山帆布鞋或凉鞋，这样就完成了一个成年人的全副武装。事实上，它适用于任何一个年龄段。

我有一个知己，从我认识她开始将近30年里，她都经常穿一件长及脚踝的YSL"旋转裙"——我女儿小的时候经常这样说。有一年夏天，我决定要数一数她能把这条裙子搭配起来的所有方式。她在巴黎的时候穿着它，回到乡下也穿着它，购物的时候、参加婚礼的时候、在自家花园里的星期天午餐上、在她孙子的洗礼仪式上，还有在休闲或更时髦的宴会上，她都穿着它。事实上，她与这条裙子出双入对的所有情景我都做了记录，只为开心：

（1）一件很大的爱马仕丝巾作为吊带衫。

（2）白色绵绸衬衫，尾部系在腰间。

（3）白色纯棉凸纹布短外套式夹克。

(4)浅粉红色领尖带牛津扣的衬衫，一条极大的黑色腰带。

(5)多色丝绸条纹汗衫——带有紫红色条纹。

(6)黑色丝绸叠纹衫。

(7)一件永远归她所有的漂亮的普契(Pucci：意大利高级时装公司)衬衫。

(8)宽松的红白间隔条纹的绵绸衬衫，腰间配一条宽大的。海军蓝罗缎丝带。

(9)白色无袖衬衫，看起来像件吊带衫。

(10)马球衫。

(11)海军蓝亚麻布短夹克。

(12)一件白色有棱纹的马修·玛戈埃[①]。

(13)带刺绣的美农衫。

(14)纯棉两件套毛衣(一件海军蓝，一件粉红色)。

(15)一件白色网眼紧身胸衣藏在一件亚麻布短夹克下面。

在我的记录本里，还记录了她穿这条裙子20种附加方式。在刚刚过去的9月，当天气转凉并变得越来越干燥的时候，她找到了她的黑色高翻领羊绒衫，系上腰带与那条裙子搭配。她花了很多年才收集来这套行头的所有部件。她是一个喜欢购买廉价商品的人，所以她每个月至少都要逛一次商品直销店，还有那些藏在居民区昏暗街道上的那些她最喜欢的商铺。不过我听说在那些居民区曾有人为了自己或自己的女儿偷窃商家商品，但这只是听说。

冬天，她的衣柜就会聚集大量的黑颜色服饰。尽管红色可能是

① 马修·玛戈埃(Marcel Marongiu)是法国知名服装设计师。他于1989年创立了与自己名字同名的服装品牌“马修·玛戈埃”。——编者注

她最喜欢的颜色，但她习惯用黑色来抵挡红色的诱惑。她最喜欢的一件衣服就是那件“死都想得到的”红色长款礼服外套，那是我连同一件红色天鹅绒领巾、一对袖套和饰扣一起送给她的。就像以上你看到的，我的这个朋友对斯宾塞夹克有绝对的爱好。她有一件海军蓝夹克，但只和牛仔短裤一起穿。有时会是红色牛仔裤。

“时尚”常常被含糊地翻译成了“stylish”，但在我看来，这个定义并不能准确地反映这个词的本义。时尚不是用各种大牌的服装将衣柜填满，那极其简单，女人做到这点所需要的全部就是必要的资金，而时尚却与资金毫无关系。时尚是“高与低、新与旧”的一种融合，是反映一个女人个人特征及风格的一种糅合。一个法国女人曾问，为什么她那么热衷于让自己看起来像超级奢华的时尚杂志或品牌广告（从头到脚都缺少协调）里的照片，或是有专业设计师为自己设计穿着的女明星？模仿对她思索问题的方式毫无帮助。她经常问自己：“照片中的我在哪里呢？”

马里莎·贝伦森，一个经常现身主流媒体及终日参加聚会的时尚女性，按照自己的目标，沿着这条道路走，直到让自己变成世界顶级着装榜单上一个永不可撼动的人物。在巴黎的一间咖啡馆喝茶的时候，她与我分享了她关于时尚的特别中肯的建议。“那些中年法国女人（不用说出她们的名字了，让我们称她们无名氏吧）最让我感到吃惊的就是她们会把所有衣服逐一组合，搭配成“套装”，她们甚至把要穿的衣服都列成清单，包括怎样使用配饰。我猜想，她们应该是怕出错，”她说，“我真的搞不明白这一点，也许这样可以让她们的生活变得更简单。”

我认识一个女人，她看起来无可挑剔，全身上下都是从高级时装店或高级成衣店买来的极其昂贵的名牌，配饰也是那些女人梦寐以求的。她的着装成本不低，不过着装效果除了“简单”或自然再无其他。她看上去很乏味，尽管那些衣服都是名牌，她为装扮自己付出了极大努力，但她却完全丧失了自己的风格和特征。出门之前，她也让她的仆人为她拍照，这不仅是为了确认她是否完成了她着装精致的使命，也为了确保以后她一定不会再穿相同的衣服去见相同的人。

（我的朋友安妮·弗朗索瓦丝把这个方法应用到各种宴会，在那儿，我可以看到其中的逻辑性。她有一本很厚的书，在这本书里，她保留着每次宴会的菜单、餐桌照片，以及宾客的名单。作为她的客人，我们很期待她有创意的餐桌摆放带给我们的乐趣，这与她准备的享受不尽的美味带给我们的乐趣不差分毫。在这个事例中，安妮·弗朗索瓦丝总是为我们、为我们的乐趣着想，我敢保证你会为她对此所做的努力加分。）

贝伦森说过她从来都不知道每天要穿什么衣服，也怀疑自己曾把同样的衣服连续两次以同样的方式搭配在一起，她确定她不把她的衣服提前预设成套装。她知道怎样实现自己对生活乐趣的追求，也享受这样的过程。她喜欢把选择好的衣服摆在面前时突然闪现在脑海里的那些新鲜的搭配概念。她的衣橱总能给她灵感。

“穿衣服并不是烦琐无趣的工作，”她说，“当我要参加重要的晚宴时，我会提前仔细斟酌，而一般情况下，我只是机械地打开衣柜随便拿几件当时看来还算满意的衣服。这要看我的心情。”

穿衣带来的种种焦虑从不在她想象的范围。

我跟她讲，在我移居法国之前和即使因工作需要再返回美国时，我还秉持着一个美国人的心态，还相信每天穿着完全不同的套装是必要的。我也曾刻意避免数次被人看到穿着同样的衣服这种可怕的事情。然而法国女人欣然接受别人这样的恭维——“我喜欢你这身打扮”。她听到这笑了起来，并告诉我，“的确如此，这不是衣服或衣服搭配是否出新的问题，而是穿衣服的人感觉是否舒服的问题。这也是一个女人最时尚的时刻。”

素净之美

我们应该明白：创造完美的着装需要花时间，需要遵守一定的规则——是的，又一次提到这个词——还需要一个宏伟的计划。没有这些要素，就会产生混乱，混乱会带来压力，压力又会制造皱纹……接下来我就不用说了。

一天，我看到一个看不出年龄的女人（看起来应是55岁或者是60岁）从头到脚的穿着如下：一件浅褐色薄纱针织套衫（或运动衫）（我推测是羊毛衫）、一条超大金项链、块状棕色粗呢短夹克到腰部、一件笔直的齐膝的巧克力色皮革裙、深棕色不透气的长筒袜和一双同样颜色的中跟小山羊皮靴子。她刚到肩部的亚麻色头发刚刚好，一点儿不过分。她正冲刺般穿过大街追赶出租车。我想象着她身上那些物件将以怎样的方式迸发出各种可能性。

我想要扯下她身上的衣服自己穿着回家，只可惜她的尺码可能是6码[1]，而她本人还比我矮。

谁不想在自己生命中的其他日子里穿一些这种风格的服装呢？

① 6码，相当于国内的S（小）号。——编者注

将单件和其他中性色（比如黑色、灰色和海蓝色）的服饰搭配将会是同样的效果。

中年法国女人已经在素净色基础上建立起了自己的服装标准。她们偶尔利用魔术般的非常个性的发现为这些标准的服装增添一点情趣。这样，她们就“拥有”了自己的造型。她们是艺术与科学的混合物的掌控者。科学是框架，艺术是雕饰，是全部的个性。从平凡到非同寻常甚至独一无二的转变就是一次艺术性的扭转。

我在大街上见到过的女人，至少95%的我在大街上为其拍过照的女人，不管什么季节，她们都倾向于穿不同程度的中性色彩。夏天是白色，褐色系列中每个只存在细微差别的颜色，海军蓝色，或者偶尔是黑色的亚麻布迷你连衣裙。冬天，更多的人倾向穿介于黑炭到油灰色区间的每一种色彩，比如黑色和灰色。其他人则依赖巧克力色、欧蕾咖啡色、驼色、烤面包色系或者再次回归海军蓝色。

你以前听过这样的说法吗：我们常常很难停留在没有反复重复的信息上。下面这些信息就是为了让你加强穿衣概念的印象，如果你愿意记住它们。假设每一个女人与自己的衣服都能保持融洽的关系，那么她就确定了自己独特的个人风格，而这些必须要有一个坚实的基础来支撑，这个坚实的基础就是素净色的服装。这就是为什么我们不需要那些下装——裙子、裤子或牛仔短裤和那么多上衣的原因。如果一个人的衣柜以过多的下半身装为主要特色，那她对着装的认知根本就是有缺陷的。拥有3件灰色过膝法兰绒铅笔裤、10条黑色短裤、5条甚至更多颜色与做工完全一样的牛仔裤，这样的服装收集真的明智吗？真的有效吗？

我的朋友芭贝特在与我们村相邻的小镇上有两个精品店——一个是卖鞋子、腰带和手提包的，另外一个是卖衣服的。芭贝特知道那些女人们想要什么，她许多忠实的顾客都是在我们附近的郊区有房子的巴黎人。她告诉我她们大部分都有工作。她们喜欢她的品味，我和我女儿也喜欢。

她说："女人们到我这儿买衣服的时候，我认为我该为她们做的就是让她们忙碌的生活变得更简单。她们喜欢我对每件衣服的搭配方式。不是因为她们在巴黎找不到好东西，而是因为这要花更多的时间。她们都知道在我这里一直能找到一些能为她们原本拥有的东西增添一些新元素的东西。"

她说在她的精品店里，70%的衣服都属于中性服装。她还说："我买的每一件衣服都带有85%中性色彩，剩下15%属于在颜色、做工或细节上充满想象的因素。"

"来我的店买衣服的那些女人都非常有个性。她们知道自己喜欢什么，也知道自己需要什么，购买之前她们会好好想一想，"她接着说，"她们要参加会议，要奔赴各种宴会，还有的要应付城市和乡下两种截然不同的生活，所以她们需要适合各种场合的衣服。"

她向我展示了一件传统的炭灰色羊毛外套。这件衣服的出奇之处就是胳膊肘处那黄色和红色的补丁，还有那翻领背面重复的颜色。她说："任何年龄的法国女人都可以穿着这件衣服或搭配一条牛仔裤去参加会议。"这就是经典与出奇的完美结合。

芭贝特的服装适合14~80岁之间的各种人群，撇开年龄不说，她们中的许多人正根据自己的生活方式，用同样的价格装备着不一样的自己。

让我们来做个测试。我向她建议。

我拿了一件浅褐色绉纱料束腰外衣——微低圆领、又长又胖的袖子轻轻地缩褶在手腕处，还有一个“可上推”的、2.5厘米大小的、三角形酒红色拉扣。我让她“假设性地把这件衣服分别穿在妈妈和女儿身上”。

女儿： 木炭色裤袜，黑色平底运动型高筒靴子，参差不齐的棕色皮夹克，它的长度可以用束腰外衣的自系式皮带来调整。

妈妈： 酒红色裤袜，黑色短筒女性细跟靴，可以用一个窄皮带来调整束腰外衣到腰部最合适的位置，一条围巾还可以为她增添一丝优雅气质。

着装风格——穿出你的生活方式

对于那些渴望彻底整修自己的服装，最后使身体线条更加流畅的女人来说，这是一个好消息。这并不复杂，但刚开始，时间是必要的，一旦建立基础，焦虑和疑惑会马上消除。

这就是中年法国女人屡试不爽的方法。

宏伟的计划： 对于初学者来说，纸和铅笔是少不了的。这也是我曾用过的方法。（在我的包里，一直都放有一个袖珍型鼹鼠皮笔记本，上面有我已经拥有的衣服列表。没必要告诉你多少次，反正我买过相同的黑色毛衣和白色T恤衫。）这个宏伟的计划要以一次次的决定为基础，这些决定将引领我们去购买那些通用的多功能服装。

关于这点，必须提出的3个问题：

（1）我的每一件衣服都与我的身材完全吻合吗？

（2）我当前的服装风格能够反映我希望达到的个性和形象

目标吗？如果这个问题尚未提出过，那现在正是时候。

（3）我的衣服能满足我的需要吗？在它们面前我能随时找到适合我人生每个时刻并使其精彩无限的衣服吗？这就是我们所说的“穿出你的生活方式”。

当装备这个“完美的衣柜”时，我们还有另外一个考量因素。法国女人用重复了一遍又一遍的形状和风格来填充她们的衣柜。她们知道什么样的裁剪风格适合她们并为她们增色。如果经过深思熟虑决定要购买一件新样式的夹克衫，或只为换换口味，再买一件带褶皱的铅笔裤来替代已经挂在自己衣柜里的那件，她们都要在精品店的试衣间试到满意。这样做是为了，只是为了，确保最新款的衣服能够与已经挂在她们衣柜里的衣服完美地搭配起来。

这是能让类似的风格再添新花样的一些细节。

拉格菲尔德又说：“购买你还没有的衣服，或者你真正想买而且能与你已有的衣服搭配起来的衣服。但是买它仅仅是因为它能让你感到兴奋，而不是单纯的购物行为。”

一个女人可以毫不费力地找到几百件不同的灰色夹克、几千件白衬衫、各式黑色短裙，然而又有谁知道牛仔裤有多少种裁切方式呢。

法国女人不断地建立、更新她们的基础色调。千万不要觉得“好无聊啊”，绝不是这样的。那是充满智慧的永远不老且永远时髦的。最重要的是，它让着装变得简单。即使在中性色范围内，有关阴影的处理、面料纹理以及搭配的可能性都存在着很大的差别。

意想不到的装饰品——比如：纽扣、刺绣、包边、辅料、令人吃惊的里衬以及填充物，都延伸到了受女人青睐的显身材的衣服范畴，殊不知她的大部分夹克衫在裁剪上是完全相同的。法国女人通过寻求带有不寻常细节的衣物，把赌注压在了经典服装上。

增加你的色彩

为了我的博客，当我在巴黎大街上或我们住所附近的村庄进行街拍（捕捉两种完全不同类型的着装风格）时，一些读者经常问我："颜色在哪儿呢？"通常情况下，颜色会在配饰上。偶尔，中年法国女人也会屈服于颜色，但你可以看出她们对颜色的掌控。因为一定年龄段的法国女人都有她们的基础色，根据芭贝特5%~20%的计算规则，很多女人常常已经在这个基础上增加了其他颜色。

她们对颜色的选择补充了她们的中性色，但那绝不是一次就可以完成的任务。恰到好处的橙色几乎可以搭配任何一种颜色，所以，无论在哪个季节，一件橙色的夹克或短裙也许都是适用的。克莱因蓝是法国人的最爱，而且再一次证明将它应用到中性服装领域内没有问题。

夏天可以穿带花饰的裙子吗？当然，为什么不能穿？但是我注意到他们从来都不用很大的花，都是些有一定标准的自由印花。波尔多葡萄酒色和所有酒红色的花饰怎么样呢？我们穿什么不能与解百纳葡萄酒色和波尔多葡萄酒色的花饰搭配呢？它基本就是中性色，尽管我认为大部分打开衣橱发现有酒色衣服的女人，在片刻的兴奋之后马上就发现这种色调让人压抑的情绪。

闲逛的时候，我偶然间发现了中性规则里的一个巨大的例外：

基本色的冬外套，或柔和色调的冬外套。通常有此装束的都是中年女人，她们已经拥有属于自己的很好的基础颜色，但又想在多年不变的冬天灰色服装上增添一些神韵和热情。

但是服装是否以颜色为基础呢？从来不是。

毫无疑问，中性色的服装是让购物投资产生大量回报的唯一途径。

试想：明亮的颜色和粗腔横调的印花？这是完全不着调的一种搭配。而中性色，一个女人却总能从自己的衣柜中找到一些衣服，把自己装进去，在任何重要的时间都不至于歇斯底里。每一件都搭配得那么自然，没有混乱，也没有压力。

有时，一种生机勃勃的颜色、一件单一印花的衣物可能提升你对时尚的基础认知。“是的，我深知这个季节会流行什么。”法国女人从不被时尚奴役，也不会无视它的存在。对推陈出新的东西，她们就像一发充满力量的子弹，但她们也绝不对昙花一现式的东西投入过多的精力。

三个问题

首先，问问自己，我的衣柜是否秩序井然？

对于时尚的认知，你一定是从服装的评估、拒绝、整修、再重新建构开始的。无论我们曾多少次听到这样的说法，在内心深处我们知道这是对的，也是不容易做到的，但我们必须做到。我们要迅速做出决定，坚决摒弃情绪上的依恋。

我们这样的年龄，可能都知道什么样的东西最适合我们的身体。很明显，是那些穿了又穿，买了又买的衣服，是那些受到大部分人夸赞的物件，绝对不是挂在衣柜从来不穿的衣服。如有怀疑，什么时候去寻找答案都不迟。仅靠一面镜子（最好是三面镜），或者借助那些有着很高、很挑剔眼光的朋友的帮忙，或者约一个购物顾问，也可以享受大百货公司提供的免费服务。你会发现，一大堆衣服中，不合适的那些会在瞬间消失不见。

很遗憾没有“租用法国朋友”这样一种服务，如果有的话，我们就可以租一个别致的法国女人来帮助我们削减我们衣柜里的衣服。可能她给我们的评估诚实到有些残酷，但法国女人却因这个而非常“特别”。

按顺序下一个问题应该是：我能通过我的衣服展示我的个性特征吗？

我们的衣服是我们面对世界第一个无声的信息，好像使用这个是唯一合乎逻辑的，为什么要错过这个绝好的机会呢？我们以怎样的穿着露面才能给人一个持久的与专家意见一致的印象，这在不到5秒的短暂时间就会被传递出去。

最后，生活方式在我们的衣橱建构中有着举足轻重的作用。我拥有我需要或我想要的所有服饰吗？我的衣柜能不能起作用？那还是我吗？

如果一个女人的生活方式是这样的：在家工作或者是自由职业，需要照顾孩子，不再工作或不再有新的冒险活动，她可能认为她不需要讲究穿着。不，不，不，对女人来说，让别人看到她最好的面貌永远那么重要。法国女人从来都不曾忘记她们时时刻刻都在为她们的伴侣、她们的孩子以及她们的孙子树立榜样。她们也知道衣着讲究是一种鼓舞士气的最好方法，我很少看到时髦的法国女人在街头闲逛，从这点上，我已经得到了最大的鼓舞。

适合最重要

在我对人们的衣物近乎显微镜式的细致审察后，我注意到另外一个细节：我照片中模特的衣服与她们曾经穿过的有些不一样，且比以前略紧。

在法国女人十几岁、二十几岁以及迈入30岁以后，她们喜欢衣服裁切处更贴近肌肤。但数十年过去，每一件衣物都松下来了一点点。纤维衣服不再紧紧地拥抱着她们的身体，而是轻柔地环抱着她们的身体曲线。这句话中，“曲线”是个关键词。“女人味”几乎是法国女人的代名词。当你看到一个法国女人正穿着乍看有些男性化的裤套装时，再靠近看，就会发现她的短夹克上衣正将其女性气质显露无遗。要让乳房能够高高挺起，要看皮肤疤痕的磨除手术或局部疗法是否有效，可能除了花边文胸或带装饰的紧身胸衣，没有什么可以做到。

当前存在的最能突出女性阴柔之气的套装是一种半正式的男式无尾礼服，但伊夫·圣·洛朗曾把它归入了最性感、最有女人味的晚装之一。这种无尾礼服，法国人曾叫它“吸烟（有男人味）装”，后来被重新设计成了有曲线、能提高女性曲线美的一种服装。

当我还在讨论这个问题的时候，大部分中年法国女人都已经拥有了一两套这样的无尾礼服。可能一套是极深的海军蓝色，一套是黑色。她们有时把它看成单件，有时又把它看成套装。这要看她们怎么穿它。比如，夹克和黑色牛仔裤、白色衬衫或T恤衫、裤子搭配黑色翻领毛衣等。这么说，你应该心中有数了。

重新改造、扩展延伸、精彩展示

法国女人喜欢穿长裙，特别是在夏天。法国女人不像我们，一旦日历表宣布秋天到来，就马上把它们包装好束之高阁。她们会以最有魅力的创新的方式来转变她们穿长裙的方法，同时，这也给她们的长裙一个更长的季节跨度。她们可能会在一条无袖长裙外套上一件高翻领毛衣。赤裸裸的双腿隐秘地藏在不透气的长筒袜里。凉鞋这时常常被低跟鞋或芭蕾平底鞋所代替。还有一些人有更冒险的打破常规的穿法，她们在还未脱去凉鞋的时候就迫不及待地穿上裤袜。（这对她们管用，我又能说什么呢？虽然这看起来怪异但并不俗套。）经典的长袖毛衣或保守的开襟羊绒衫，常常配上腰带，把长裙变成了短裙。牛仔夹克削减了夏日长袍的柔弱感。漫长夏日本就不情愿待在衣架上的围巾这会儿也毫不犹豫地飞出了它们的避风港。

刚进入10月，那是个阴天，我跑去探访芭贝特。在那儿，我目睹了她在夏秋交接时的着装新版本。一件海军蓝色衬衣式纯棉连衣裙、海军蓝色不透明紧身衣、黄褐色的粗跟系带半长靴、V领开襟羊毛衫搭配一条柔软的红色丝巾和一个罂粟红色“胸针”。这是她在秋冬季节为她的精品店采购的饰品之一（罂粟红色与毛衣搭配——这是细节中的细节）。她的指甲油也是相同的罂粟红色。

时尚，但原汁原味儿

所有见过或碰到过马里莎·贝伦森的人一定都同意这样的说法——在最个性化的时尚演绎中，她就是所有时尚和特别事物的最终晴雨表。她大部分时间住在巴黎，所以一般人们倾向于认为她是个法国人，尽管她不是。

她的爸爸是美国职业外交官，妈妈是个拥有意大利、瑞士、法国和埃及血统的女伯爵。当然，她的外祖母就是超现实主义设计师伊尔莎·斯奇培尔莉（Elsa Schiaparelli）。有些人可能要说她天生就是一个明星，她身上有着世上最自然的高雅。她真切地反映出了一个法国理想主义者想象出的所有品质：被调整过的嗓音、无可挑剔的礼仪、女性娇柔的姿态和魅力，以及那种原汁原味的时尚。

贝伦森喜欢颜色。我们也见过她偶尔会穿中性色，但她的风格比典型的法国女人更加丰满。也许，那源于她的意大利血统和她母亲、外祖母的影响。另外一个女人不仅影响了她本人，还开启了她让人难以置信的时尚生涯。这个人就是神圣的戴安娜·弗里兰（Diana Vreeland），作为知名时尚编辑，是她塑造、成就了《Vogue》（著名时尚杂志），随后她又将她富于创意的思想带到了纽约大都会艺术博物馆。在那儿，她以名流社交晚宴的方式启动了魅力服装展，在展览会上，名流们所穿的服装都是无与伦比的。

在我们的面谈中有一点非常清楚，那就是每天检查时尚的每一个细节在贝伦森这里是那么自然，就如同每天早上穿衣服一样。

“我觉得法国女人对自己都有准确的自我认知，”她说，“她们明白穿衣打扮就是个人特征。在我看来，美国人在刻意追求一种特定的完美，法国女人不会这样。如果你对自己感觉不错，就无须在你的衣服上做无休止的改变或在这方面投入无限量的现金。你感觉好，那就是好。”

贝伦森百分百认同时尚的精髓是与生俱来的，“我们应该敢于把我们的个人特征融入着装当中”，她说。

她还说，我怀疑有些女人对自己的认知并不十分清楚，所以她们总是无法塑造自己的独特风格。在时尚杂志的一篇文章里，她若有所思地道出了她的怀疑——真正的个人特征可能正在慢慢消失。

“我认为很少有人有真正的时尚、真正的个性和真正的美丽。人们所谓的时尚只不过是一种东西在某种程度上融入另一种东西而已。”她说。

她有自己的观点，但我却更愿意写信给她，建议她去发现自己的风格，了解自己。

接受“时尚就是个人风格”这个命题是我们达成时尚目标最重要的一步。我那时会这样认为。我非常了解的法国女人以及我为这本书首次约见的那些女人都用自己的服装及配饰表现出了她们完全不同的个性特征。

比如，安妮－玛丽·德加奈（Anne-Marie de Ganay）被认为是巴黎最时尚的女人之一。在跟她相处了一个下午（其中包括去参观她衣柜那巨大的空间）之后，我不仅清楚了为什么，还明白了她是怎么赢得这样一个名声的。

遗憾的是，我却不能指望从她那么多的着装技巧中学来一分一毫——她的高级时装多得让人嫉妒，而且你知道，它们的价格堪比美国常春藤大学的教育经费。但是没关系，她的那些高级时装还得靠她从巴黎街边市场（在跳蚤市场也能找到一些高层次的东西，也许你会惊讶于这种神奇的现象）或从Zara（来自于西班牙的著名服装品牌）淘来的那些衣服辅助。她曾宣称Zara是她最喜欢的购物地之一。偶尔她也喜欢去Monoprix（法国专售廉价商品的“不二价”商店），我们都喜欢Monoprix，这是一个更小、更时尚、更雅致的一个地方，是法国女人的标记。在那儿，当你意识到你能买得起正在出售的每一件商品时，包括那极好的肩上带黄铜纽扣的羊绒水兵衫，你会高兴得跳起来。

“我已经改变了我以往的穿着方式吗？”她小心翼翼地问自己。“不，坦白说我认为我还没有改变自己的着装风格。我穿着不同设计师设计的衣服，还要到Zara去寻找那可爱的夹克衫，或把最近发现的一件绸缎料前面有褶皱的外套随意地穿在从印度买来的刺绣夹克下面，再搭配一条大绸缎长裤，就去了一个正式场合。”

如果一个女人只穿一个设计师设计的衣服从不与其他服装混合，那她不仅是在错过一段美好的时光，而且她“看起来就像个极其僵硬没有弹性的塑料制品”，德加奈公开声明。

偶尔在家，她的服装包括裤袜，一件肥大的男式衬衫和芭蕾平底鞋，时常还会佩戴从她那大量的人造珠宝收藏中选来的一些配饰。

她也爱长裙，我认为那很难优雅地从身上脱下来，但她能。

安妮·德法耶（Anne de Fayet）是我移居法国时约见的第一个女人。那时，她是法国精品行业联合会公共关系部主任。当时，作为一个能够提升法国人生活艺术水平的奢侈品牌的组织者，精品行业联合会是很有名望的。

我们因工作关系成为朋友，而且这么多年都不曾断了联系。她将我对法国时尚的最终理解——各种经典细节（它们在她身上是如此的华美以至于她一直是我最钟爱的时尚典范之一），极度丰富的融合——实体化。从我认识她开始，她就代表着一种时尚，但她代表的不是一种“傻瓜时尚”。我记得一个秋天，我和一个美国朋友去参加一个鸡尾酒会，我确信我们两个都是绝对时尚的精致打扮——毕竟，我们都在法国居住了足够长的时间，知道这样的鸡尾酒会该有怎样的装束，但这种想法到安妮·德法耶出现的那一刻就戛然而止。她不浮夸，不造作，一条新款长裙将她那简单纯粹的精致表达得淋漓尽致，那轻描淡写的精致反而大胆地带动了最新的秋季潮流。

安妮也证实了一种可能性，来自当前时尚圈的“宣传观点”再新鲜再伟大都不能阻止长期的购物投资。那个鸡尾酒会是10年前的事了，但我敢保证现在她还穿着那条长裙。

那天我们约着喝酒，聊有关时尚、高雅和魅力的一些问题。安妮穿了一件木炭色法兰绒铅笔裙，一件浅灰色长袖羊绒T恤衫，肚脐处有一条3厘米长的棕色腰带，一件浅棕色无领皮夹克，黑色不透明紧身衣，黑色芭蕾平底鞋，警车顶灯那么大的灰色珍珠（我确定那是真的）。

我们谈论的一个话题是她怎样回应关于时尚的一些问题。她选择陈述，而不是穿给大家看，更确切说她是一个内敛的女人。“过于艰难的尝试正说明了她并无把握，”她说，“高雅源自于很多因素，从来都不是单纯看一个女人穿什么就可促成的。衣服不能让一个女人变得高雅，反而是穿衣服的人使衣服倍显时尚，是她走路、说话、化妆的技巧、优雅的发型以及恰到好处的发色让她显得高雅。所以高雅是诸多细节的结合体。”

唉，是的，惊人之处总藏匿于细节之中。

就像伊夫·圣·洛朗说的：“这么多年，我已经明白了，对一条裙子来说最重要的就是穿它的那个女人。”

在我的采访中，我曾让一些女人描述她们心中最完美的衣橱。换句话说，如果我突然扑进她们的衣柜，把她们拥有的所有衣物全部移除，她们不得不重新购买那些基础衣物的话，她们会选择买什么。以下是安妮的想法：

（1）两件短裙，“可能是直筒裙”，一件灰色，一件黑色。

(2)一套裁剪入时的浓咖啡色长裤套装。

(3)苔藓绿色天鹅绒夹克。

(4)灰色长裤。

(5)一个两件套黑色羊绒衫。

(6)经典款灰色和黑色羊绒套头毛衣，外加相同颜色的高领毛衣。

(7)棕色皮夹克。

(8)李维斯牛仔裤。

(9)一件浅褐色绸缎衬衫。

(10)两件宽松款棉料无袖衬衫，看起来像男性衬衫的裁剪风格。

(11)我已穿了10年的黑色迷你裙。

“我不喜欢色彩斑斓，所以在我的衣柜里没有太多亮颜色的衣服。”她说。但她却跟她的同龄人一样，也喜欢在Zara，偶尔也在Mango(创立于1984年，来自西班牙巴塞罗那的女装品牌，Mango简称MNG，中文翻译为杧果)买东西，我们好像都愿意承认从Monoprix买来的一件羊绒T恤衫是一项很好的短期投资。另外，不用耗费巨资就可以买到这样一件让这个季节充满色彩的衣服也是一种合理的消费方式。

我刚定居在法国时就认识吉纳维芙·盖尔兰(Genevieve Guerlain)。我是在一个朋友的聚会上认识她的。盖尔兰一家住在离我们家不远的一座乡村住宅。她很漂亮，就像安妮·德法耶一样(她们俩也是好朋友)，她穿着极其朴素，但，她的朴素与别人不一样。她的风格细看不那么冷淡，却有点脆弱，不那么放松。

在她巴黎的别墅里，她邀请我去吃午餐，讨论她对时尚的看法。我们见面那天，一件浅面包色短袖毛纺礼服轻轻地裹着盖尔兰的身体，一个巨大的胸针庄重地别在她长裙简单的圆领右上方，脚上穿了一双罗杰·维威耶（Roger Vivier）小山羊皮高跟鞋。

当我要求她加入上述同样的实验时，她告诉我：

两套定做的女式裙套装，每一套都要包括短裙和裤子。

（1）两件小黑裙，其中有一件要和我现在穿的这件一模一样。

（2）要有一些羊绒毛衣：两件黑色长袖的、一件高领的、一件圆领的、一件灰色的、一件棕色的、一件苔绿色的。

（3）经典的裁剪入时的运动衫。

"我喜欢我的那些旧衣服，"她说，"她们让我感觉很舒服，我对它们也很有感情。"

她又说："当我厌倦了穿裤子的时候，就像过去的6个月里，我大部分时间一直都穿长裙。"

如何穿出法式风情

我大学毕业后的第一份工作是在《女装日报》（*Women's Wear Daily*），它被看作是时尚新闻的研究所。在完成了高级成衣收集后，无论我们是在纽约还是在美国或欧洲办事处工作，我们的定期任务之一就是采访那些大街上看到什么就买什么的女人（有时是男人）。

主要目的就是明确地问她们定制了什么。

采访主要集中在这些个体，他们要能看得出时装秀中舞台效果之外的其他东西，对一件又一件（完全沉浸其中）的服装收藏要有前瞻性的见解，要与时尚设计师们有很好的关系。这些人能把所有衣服很好地搭配起来，把一个个流行的瞬间融入他们的时尚理念。如果他们是一个很大的时尚商店的负责人或拥有他们自己的注册精品店，他们潜意识里就能看到消费者们理应购买的各种可能性。

今天，玛丽亚·路易莎·普马尤（Maria Luisa Poumaillou）被视为特级艺术大师之一，记者们开始关注她并提一些关于最新、最伟大时尚的问题，而她忠实的顾客们就会依照她给出的建议，把她多年收藏来的衣物照搬到他们的衣柜。

她和她的丈夫达尼埃尔（Daniel）在1998年开了他们的第一家精品店。在这样一个以独立设计师为主流的显赫人群当中，作为一个时尚明星，她打破了纪录，享誉国内外。凭着对一代又一代新事物的深刻认识和敏锐的眼光，她创建了一个具备独特风格的精品店。但最近，她关闭了这家店把精力投入到巴黎春天百货公司二楼开办的一个可持续发展的室内精品店上，而它的旗舰店坐落在美丽的美好时代大厦。

把马丁·马吉拉、安迪穆拉米斯特、海尔姆特朗、瑞克·欧文斯、亚历山大·麦昆、尼古拉·盖斯奇埃尔、克里斯托弗·凯恩还有其他设计师归入到“时尚雷达”，普马尤功不可没。对这样一个女人来说，这算是一种理想的合作关系。

在刚刚过去的春天里的一天，我们在巴黎瑞弗里大道附近她的办公室里见面。她穿了一条黑色的丝绸裤（“已有3年”），一件自己设计的黑色、宽松、船形领、蝙蝠袖的丝绸衬衫（“现已一年”），一件白色亚麻布运动衫（“已有6年”），袖口变成了黑色，很可能被重新裁剪过。她戴了一个很大的黑色树脂手镯，系了一条黑色宽腰带（“已有8年”），一条很大的、黑皮绳串起来的珍珠灰贝壳项链慵懒地绕在她的脖子上，长得快要触摸到她腰带上的扣环，大耳环，黑色低跟半长靴，黑色太阳镜，极红的唇膏。

你看出来了吧，她的穿戴谈不上经典。她全身上下一整套衣服的所有部件看起来都是让人心情烦躁的、无聊的、保守到令人不安的，可是，她却穿出了那种恬然的时尚。是那些衣服独特的裁剪风格让她显得与众不同。

我爱普马尤是因为她就在我们身边。她说她想用她所购买的衣服去衬托我们和我们的身材，而不是单纯地为制造一个时尚瞬间或美化一个设计师。

“让我们面对现实吧，如果一个女人躲在她的衣服里却从未感觉到舒服，那她也从来称不上时尚，”她说，“以运动型铅笔裙为例，它外观很美，但我发现它很‘硬’，我比较喜欢‘柔软’的衣服。”话虽这么说，她所说的“柔软”从来都不是大量的装饰。挑选衣服，她有自己的方式，她独爱那种周围没有坚硬边缘的衣服。

她不否认我们应该多穿裙子，但不像有些设计师和时尚的女人所认为的那样，她觉得我们应该穿宽下摆的裙子，“特别是那些腿漂亮的女人”。她画了一幅画为我展示她理想中的裙子，并跟我解释这样的裙子如何能使腰部显得更漂亮。画中不是她自己认为很稳重的A字裙。她比较喜欢裙子的下摆在膝盖以上3厘米，她坚持说裙子太长显老。

当我问她如果要填充一个空的衣柜，她会买些什么，她告诉我：

（1）一些薄羊绒衫：V字领或芭蕾舞服领，黑色、淡褐色、翠绿色、红色和卡其色。

（2）T恤衫，包括无领无袖短套衫、无袖衫、圆领衫。

（3）蓝色牛仔裤，但绝对不能是色泽斑斓的。亚麻细布——“那太老套了，应该留给小女孩穿，我们应该穿深蓝色牛仔裤”。

(4)府绸衬衫，一件黑色，一件浅蓝色，当然白色也可以。

(5)裁剪完美的运动衫，一件黑色，一件海军蓝色。考虑到预算，她建议我们去巴黎世家(Balenciaga)、约瑟夫(Joseph)和希尔瑞(Theory)。(别忘了，如果这些地方衣服的零售价高得实在离谱，你可以在观察上做功课，有时在减价上也会发生奇迹的。另外还要记住，男人的运动衫比女人的要好做，所以价格相应要便宜得多。你可以买下来将其改成女性运动衫。)

(6)软皮革材料的短夹克外套。

(7)颜色鲜艳但款式简单的圆领毛衣。

(8)浅褐色或黑色绉纱衬衫。

(9)一件雨衣：我已经有一件穿了很多年的豹纹雨衣。

(10)一种长裙——“它们总是很有用的，且可以根据不同情况考虑穿上或脱下。我已经有一条自己特别喜欢的乔其纱印花长裙。”

普马尤相信我们应该屈服于突然的(a coup de foudre：字面意思为“突然被雷击中”，但一般情况下用来比喻对某人或某物第一眼就爱上的一种情绪反应)购买欲望。

她说，如果一个人特别喜欢民族风格，她不反对，但她告诫人们不应该让那种趋势独占我们的思想。“要一直找适合自己的东西，一些能够表露自我特征的东西，”她说，“以你的形态为出发点，从那儿开始着手。”她反对“衣服反映社会地位”这样的观点，她坚信品牌标签应该留给那些自身没有安全感和有钱去挥霍的人。

最后，她为我们提供的最好的一条建议可能也是最简单的：“从来不要违背你的直觉。”我们中大多数人曾经这样，那些从不允许自己的衣柜里有黑色的人就是这样，这一点我们都知道。

与购物顾问待一天

写这本书给了我一种动力，让我去寻求我梦寐以求的机会：去拜访购物顾问和对购物有研究的法国人。

我打电话到巴黎老佛爷百货公司和巴黎其他著名百货公司的公共关系部，问他们是否有人乐意帮助我完成任务，立刻——我可以向你保证“立刻”未必就是巴黎搞公共关系的人能够接受的一个词语——我和帕斯卡莱（Pascale）就有了一个会面的约定。见面之前我们通了两次电话，她想确切知道我所期待的是什么。我告诉她：“我想知道带有浓郁巴黎特色的、40多岁的法国女人的衣柜究竟是什么样的。”我也提到这样小容器式的收藏在保留法国特点的同时对各种身材的法国女人都是有好处的。

前面也曾提到，我建议人们去巴黎老佛爷百货公司的个人购物办公室去咨询。当我到达的时候，帕斯卡莱已经架起了许多试穿服装用的人体模特，还为它们准备了一些替换的服装——一架一架的小黑裙、套装单件、外套、夹克，以及供我考察用的上身衣物，还有一架一架的衣服配饰和围绕商场顶楼那巨大的、别墅一样的空间列队摆起来的、人人渴望得到的各式各样的鞋子。从上面看这架势十分壮观。我所能想到的全部就是我想直接住进去。想象着那样的一种生活方式：厨房要完全装备起来，专门侍候那些需要充足的体力，整天忙于逛街的女人们。但凡她们所需要的衣服都在“伸手即到”的范围之内，就像乘电梯一样快。没关系，我就要到那儿去上班了。

在我们没有审视她的服装之前，我问了她一些关于时尚的问题，理论上讲就是她现在正为她的客户小心翼翼地打造的那种时尚。“‘时尚’就是高于其他一切的‘诱惑力’，”她说，“就是一个女人的走路方式，她的举手投足以及她的个性。”

免不了，我们要再次回到这样一个理念——时尚在于穿衣服的人而非衣服本身。

我认为帕斯卡莱向我们展示了填充我们那“如果……只要……”青春常在、韶华永存的填充衣柜时的一种天赋。我说“只要……”是因为她选择的大部分衣服都是高价位的，但那不重要，重要的是穿上它们时我们的形象、身材或它们带给我们的认知理念。

很欣慰卡尔·拉格斐同意这样的观点。他回应说：“不要用‘便宜’这个词。今天，每个人穿上廉价的衣服（有钱人也买便宜的衣服）都可以看起来很时尚。现在好的服装设计都会涉及不同消费层次的人群。穿上一件T恤衫和牛仔裤你就可以成为这个世界上最时尚的人，这完全在你。”这就是我想说的。

帕斯卡莱对每样东西都讲究技巧和手段，从你想不到的单件组合——想一想带有小金属片装饰的发出闪闪银色光芒的运动衫和白色牛仔裤的搭配，到流线型瘦身策略。

为了看起来苗条而时尚，她一直保持她的每件衣服清新、经典。她把黑皮革直筒裙和黑色长袖、勺子领薄针织毛衣搭配起来，套上一件以豹纹及突显设计主题的袖子为特色的大半身长风衣。最后她又加上了一条巨大的双线项链，重得像要嵌入脂肪里，项链上透明的琥珀色珠子让她的两只眼睛恰到好处地镶嵌在她的脸上，这里她需要翻起外套衣领。

然后，她拿出了那件风衣，我们都知道它可以和任何衣服搭配，包括鸡尾酒礼服或长款礼服。她给我展示另一种搭配方式，把它与一条纯棉黑色裤子和一件黑白间隔条纹的水手毛衫搭配，在这个搭配风格里，豹纹特征明显。这是细节。

她拿起一件终生能穿（但你得有漂亮的胳膊）的白色棉料网眼长裙套在其中一个模特身上，她曾这样临时为它装扮过。这样穿看起来轮廓那么的完美，从无袖的上身流线般滑到优雅（这里不够贴身）的高腰处，再往下一直到大腿上半部（这里勉强留出短裙的空间）都非常平滑。一件牛仔夹克或一件羊毛衫就可以解决丑陋的胳膊带来的麻烦。

跟许多法国女人一样，帕斯卡莱真的非常喜欢白色牛仔裤和长裤，她已经证明了它与任何衣服都可以搭配得刚刚好，包括，带有小金属片装饰的闪耀着黑色光芒的运动衫，里面穿一件黑白间隔条纹的T恤衫。

她的另外一套不老服装组合：极深V形领的米色羊毛衫，塞进一条棕褐色百褶裙里，系上腰带。虽不复杂，但非常漂亮，干净利落，没有任何配件，极显高雅。

我们沉浸在无穷无尽的愉悦中，当然，因为这一点，过去我一直梦想着能有一笔信托基金。接着，她又拿出一件前面有黑色拉链的开襟羊毛衫式奶油色软皮夹克，用它来搭配棕褐色短裙和米色毛衣，最后围巾的巧妙搭配改变了这套服装的整体效果。

她还做出了一个绝对经典的搭配：黑色纯棉裤子与黑白相间的泡泡纱运动衫再搭配一件白色长袖V领T恤衫。这套服装看起来清新又让人显得年轻。

她证明了，如果我们需要说服力的话（我确定我需要），一件牛仔夹克也是必要的。她向我展示的两种方法均是与长裙搭配：一种是黑白相间的V领T恤衫裙，用红色腰带做内嵌装饰；另一种选择是柔和的蓝色、白色与珊瑚色制成的小巧的淑女型丝绸印花长裙。她用简单的棕色男式皮腰带来糅合坚硬与柔软的鲜明对比。

就像我说的，法国女人喜欢她们的白色长裤。这次，她用一件橙黄色有深褶的宽松丝绸衬衫挽救了一个试装模特。瓦妮莎·布鲁诺（Vanessa Bruno）也这么认为。

同一个句子里，当我们要用到"衣服"这个词时，我们都喜欢"投资"这个词所带来的效果。于是我问她，在她看来，女人们最终要购买的能长期穿的一件衣服会是什么。一件深蓝色无尾礼服，她说。女人，谁不痴迷因款式纯粹而被人喜欢的裤装？谁又不梦想着夹克衫几乎能与任何一件短裙或长裤搭配？她们自己的长裤与羊绒衫和白色男式衬衫的搭配，夹克与牛仔裤的搭配都非常高雅。

帕斯卡莱建议每个女人要，或许应该拥有一两件运动衫——一件改装成带银色装饰亮片，另一件改装成带黑色装饰亮片的衣服。这样的话，女人就再也不需要考虑穿什么衣服去参加聚会的问题了。这两件中的任何一件搭配无尾礼服裤子都能产生让人昏厥的效果。她用上面提到的那件带银色装饰亮片的衬衫与一条白色长裤搭配就证明了这一点。

最后，我问帕斯卡莱她一贯把钱投入到哪里？外套，她毫不犹豫地说。

最后，在我们相处的一天即将结束时，帕斯卡莱带我去看了一个很长的衣架，她在那上面挂满了你可以想象得到的所有小黑裙。

其中我最爱的（我不必自寻烦恼去看上面的价格）就是一件阿瑟丁·阿拉亚真丝绉纱迷你裙：圆领、后背有V字形开口、七分袖、从上半身下部到大腿的缝合处有活褶。这种剪裁风格为削减腰部而收紧臀部，基本像一个女人用的紧身内衣，只是没有紧身内衣的那种强烈的约束感。然后让我们看看液体褶，这种褶皱以最性感的方式分布在裤子上，甚至它挂在衣架上时，人们就能想象它们怎样在女人漂亮的双腿周围自由地摆动。我能想象一个女人穿这条裙子给人的感觉——致命的女人味和强大的诱惑力。简单来说，那正是法国人对服装的理解：服装有力量让我们发生转变，有力量让我们感到快乐，它可以改变我们的形象，甚至 偶尔可以改变我们的生活。

8

配饰：

不可或缺

每个女人的必备配饰

配饰极具吸引力，因为它们传递着一种力量、一种个人魅力，甚至是一种可以安静或大胆地传达一个女人自信心和创造力的派头。与提高衣物本身的魅力相比，配饰更能反映个人风格。一个女人一旦发现行之有效的基本要素，那营造她的个人魅力，创建一个切实可行的衣柜都将不再困难。对于那些能使她让人念念不忘、能增加她独特风格的极个性的服装来讲，配饰只是一种添加成分。

而这就是中年法国女人。在这个领域，你必须特别谨慎使用她们的妙招。法国女人非常聪明。运用配饰让她们变得与众不同、让一件旧东西瞬间焕发光彩，她们表现得非常有创造性，有时还特别高调，极具个性。或者说，我之前发现的那些极具吸引力的东西，与时尚显得毫不相干。

配饰的使用为我们演示了一种技巧，这种技巧可以让同一件可爱的黑色连衣裙在一个法国女人身上连续25年都不失魅力（当然，当她已尽了最大努力，仍需要为心爱的经典短袖添上袖套，仍需减少腰部脂肪，还要看她是否懂得控制卡路里的摄入量，还要看她是否有一个好的裁缝）。

坦白讲，我现在已经意识到一点，我准备好要称袖套为配饰了，而我的特聘裁缝，斯尼迪女士（Madame Sneady），却能够将袖套很自然地接到我那些无袖衣服上，看不出任何拼接的痕迹，而且除了我们两个没有其他人知道。甚至有人会认为我这衣服原本的设计就是带有袖套的。她也能够把20世纪80年代极贵的夹克和外套上的肩部设计转变成舒适、时髦且符合大众审美的肩部风格。继续上面的话题，我也称垫肩（衣服肩部的垫高物）为配饰。从某种意义上说它就是。

那些都是极好的、低调得不会被人注意的调整，而这却让已步入中年的法国女人变得如此著名。如果衣服是画布，那配饰就是艺术品诞生的地方，它让最简单的衣服变成了引人注目的绝妙东西，同时极富表现力地告知他人使用它的这个女人的风格与品位。

从多年来世界范围内的时尚物件来看，不难看出一点——配饰常常是设计师们优秀作品的关键因素。通过观察两种类型的女人（跑道上和观众席上的女性），我得到了最深刻的理解，如果我以前曾怀疑那就是全部的细节，那么现在这个疑惑消除了。

这么多年，我在配饰的使用上一直很保守——偶尔一个颜色亮丽的包、几件紧身衣、每年生日时妈妈送的金手镯、一串珍珠项链

（从不是特别夸张、惹人注目的那种风格）、一条围巾（从不是披肩，因为它们老是滑落下来）或是一双鲜明光亮的紫蓝色皮手套。不考虑搭配问题，也没什么想象力。总之我没能通过它们表达出我的个性，总是匆忙中很随意地拿起一件配饰，从不考虑它的效果。我没有应用好从法国女性身上学到的经验。说实话，我错失了很多本该有的快乐。

幸运的是，那些日子已经一去不复返了。也许只因好奇，我买过很多配饰，即使我很少佩戴它们，它们也依然好好地躺在我的衣柜里。围巾和披肩零乱地堆在架子上，鞋子多得超出我的想象，一些名贵包，腰带，手套，一大堆的珍珠，以及一个装满了或真或假等待糅合或搭配的碎宝石的可爱首饰盒。

现在的我，没有配饰不能生活。即便是只坐在电脑面前，一条围巾对我来说也是必需的——没有它就像是少点什么。

每天，哪怕只是出去买一条长棍面包，以下种种也是我必须用到的配饰：超大金耳环（圈形耳环，法国经典款）、围巾（冬、春、秋都能戴，也是我妈妈的5件珍藏品之一）、纤细金手镯搭配我的男式卡地亚腕表（同样的手腕，不变的活力）、芭蕾平底鞋或鹿皮鞋（有时会是有趣的颜色或豹纹，冬天会搭配颜色较亮的袜子）、黑色镜架的雷朋（Ray-Ban）徒步旅行者（Wayfarer）太阳镜（我对它们非常痴迷）。戴太阳镜也是我出行的习惯，有了它我才可以毫无顾虑地冲向面包店，再不担心中途会撞上大树。

这些日子，我想什么时候佩戴珍珠都行。不仅有珍珠项链，我还有很多其他的项圈绳，粉红色、灰色还有白色。粉色搭配我的珊瑚项链非常漂亮，灰色搭配一串厚度感强的橄榄石珠子也非同凡响。我的青金石珠子湛蓝湛蓝的颜色十分迷人，当我把它们与我在阿尔伯克基（Albuguergue，美国新墨西哥州中部大城市）和墨西哥居住期间收集来的蓝绿色项链，还有婆婆送给我的那条我最爱的项链搭配在一起的时候，它们变得更加精致。我确信我学到了（好，让我们用“被迷住了”这个词吧），这些都是意想不到的组合，是通过观察法国女人在装饰品穿戴的创造力上学来的。

可可·香奈尔曾两次解放法国女人，第一次是把她们从紧身内衣中解放出来，然后通过证明佩戴人造珠宝那无以言说的魅力再次解救了她们。香奈尔也喜欢把人造珠宝与一些原装的东西混合起来，法国女人一直在重新定义这种可能性。

从本质上来说，那就是配饰存在的唯一价值：把它与其他东西搭配起来，最大限度地利用它们，并通过可以简单控制的因素来展示个人特征与品格。她们是那么有趣。

我们可以像管理者一样收藏配饰。在买衣服的征途中，我们常常会寻找特定场合、特定原因下合适的衣服，但购买配饰时这却是少有的情况，那是一个打发时间、谈恋爱或者磨炼敏锐眼光的过程。

我喜欢那些在春季与秋季卷中用粗体文字描述配饰的法国时尚杂志。这些杂志可以帮助我们筛选信息，看看众多收藏中到底哪些适合我们，然后再由那些追求优美独特风格的设计师们照杂志所说重新设计。

法国女人和我们一样，一直拿杂志当作信息来源和参考，对我们每一个人来讲，对信息的渴望都是与生俱来的。然而，法国女人读的杂志与其他的杂志有一个主要的差异：在她们读的杂志上，你找不到指南或者注意事项的列表。

你可以说它微妙，也可以说它颠覆，但有一点是明朗的：法国女人懂得为自己着想，下意识就能找到自己需要的线索，然后照着她们在茫茫时尚杂志中得来的信息行事。她们不需要指南。我把关于配饰的信息视为切实可行的信息，我的闺密告诉我，她们也是这样。在没有决定是否需要更多的衣服之前，我们知道事实上我们需要更多的配饰。这些配饰也是信息，它们告诉我们在穿着上怎样注意细节才能让我们与众不同。在这方面，它们为我们提供了最好的建议，这些消息在杂志图片中非常显眼，关键是没有冗长的文字解释。

幸运的是，那些配饰就是我们展示时尚元素的舞台，不用“倾家荡产”就可以做到这一点。一个豹纹钱包、几双斑纹芭蕾平底鞋、一条石灰绿色蛇皮腰带、一个银色手提包，还有那五颜六色的珠子，无论什么都可以。配饰的产生就是用来完成字典里那些解释（可能提高某些东西表现力的一种选择）所赋予的使命。

确切来讲，那个解释应该直译为：这些特殊的东西就是我们已经挂在衣柜里那些配饰的提高或延伸。

配饰一直是简单迈入新季节的第一步。让我来解释一下：绝大多数中年法国女人的首选都是中性色——黑色、灰色、深蓝色，或者米色、深棕色或驼色系列。不管怎样，这都是围巾、披肩、腰带、袖口链、手套和项链等配饰的一种附加，或者说是以上各种配饰的组合，这种附加成分可以迅速告诉他人“我正在随季节的变换而调整穿着”。

每次都是银色皮革香包刚刚出炉，我那个一向只穿Marithe+Francois Girbaud[①]的好友弗朗索瓦丝就会马上买一个聚氨酯材料的大包来替

① Marithe+Francois Girbaud，法国的世界顶尖时装品牌，创立于1969年，以做牛仔裤起家。——译者注

代那样的皮革制品，以此大胆地告诉人们她知道以后会流行什么，但她并不打算花很多钱去追逐这一时的狂热。

布丽吉特（Brigitte）是我的老相识，在我们家附近开一家古董店，她只喜欢银饰珠宝，而且对她来说多多益善。每天，不管穿什么，她都把相同的配饰“堆积”在身上，这就是她的个人标识。

她说过：“虽然这样，我却从不戴耳环，说不出为什么，只觉得那不适合我，其实我一直想佩戴大圈形耳环很多年了，但戴上却总觉得不舒服。我每天所佩戴的珠宝是我本人不可分割的一部分，没有它们就像没穿衣服一样。”

她每天的装备就是这些：各种宽度各种款式的手镯、戒指，一条或几条项链，有时会是黑色丝线的护身符，其他时间会增加更多符坠或链条。

最近，我和另外一个熟人纳德吉·德奴瓦里（Nadege de Noilly）一起吃午餐，她穿了条牛仔裤、一件白色能露出她漂亮锁骨的T恤衫、一件长款淡珊瑚色的让·保罗·高缇耶（Jean Paul Gaultier）衬衫、连衣裙、外套（非常漂亮），还有一件非常出彩的配饰：她脖子上佩戴了一条由她的珠宝商专门打造的项链，链条上悬挂着大大的珠子，有的镶有宝石、有的刻有信息、有的是继承的宝贝，还有一些是她老公和孩子这些年送给她的礼物。

“它对我来说非常重要，我整天都在触摸它，”她说，“它很简单，真的，我曾经让我的珠宝商为我打造一条18K金的链子，这样它就能支撑任何一个与带有饰物的手镯同样重量的东西。但到头来我还是比较喜欢我脖子上那条简单的项链，穿什么样的衣服都可以戴着它。”

就像她说的，那件饰品真是好极了，当她的丈夫和孩子想不出要送她什么礼物的时候，他们就再送她一颗那样的吊坠宝石，每一个比25美分硬币稍大一些，但每一个都非常有个性。

现在，让我们看一看下面提到的配饰。

因为秩序是一个时尚的法国女人生活的重要部分，所以我想配饰也应该整齐有序。我们不仅要审视基本的配饰，还要审视那些能把我们的个性展现出的配饰。法国人就是这样做的。

帽子

遗憾的是，除了保暖、婚礼、遮太阳之用，女人的衣柜里很少会有帽子。

当气温下降，大街上便会出现些许甜美的针织钟形帽和贝雷帽。那些神奇的帽子一直是法国婚礼的显著特征，在赛马会场上更是如此，尤其是在尚蒂伊（Chantilly）举行的戴安娜大奖赛[①]上。在这儿，有一个最主要的比赛——最不同寻常（有时候会说“最奇异”）的创造（指态度、容貌、款式）。我们喜爱那些帽子，也爱那些敢于戴帽子的女人。

迪奥以及其他设计师都试图说服女人，使她们愿意去戴那些宽边的、大到能触到肩膀的帽子。唯一能形容这些帽子的词语就是看起来像把她们淹没的一个巨大花边帽。

最近，巴拿马草帽（一种圆冠阔边帽）也非常流行，这不仅因

① 尚蒂伊的戴安娜大奖赛（Prix de Diane in Chantilly）是法国著名的三大赛马比赛之一，创办于1843年。——编者注

为它有自然的色调，还因为它那让人充满想象的颜色。对人们来说，它只是昙花一现，但却十分可爱。

包

法国女人的包和鞋从来都不搭配（我保证，你们也一样），即使它们是同一色系。在选择软羊皮包的同时，她可能会选择一双漆皮或漆革鞋子。你知道，实质可以改变所有的事情。

拿钱包来说，一些人比较喜欢爱马仕经典凯利包（Kelly）、爱马仕经典铂金包（Birkin）和有经典迷人色的香奈儿2.55手袋（Chanel 2.55），因为它们是无声中打造个人特色的奇妙手段。凭借一点点运气和些许耐性，你就可以在巴黎的二手名牌服装和精品配饰中看到一些时髦的色调。另外，那些相信一生当中只可能有一次如此巨大的投资机会，只可能拥有一个包的人，她们往往倾向于选择保守的颜色（黑色或棕色）。

在巴黎，有一个绝色女人，她答应我可以把她的照片放在我的街头博客，让我的博客更有特点。我为她拍摄了很多次，但从未问起她的名字。除了夏天她会背草编包，她总会将一个爱马仕铂金包斜挎在肩上，但却从来不是一样的铂金包。她有一衣柜这样的包，棕色、绿黄色、淡紫色、红色或许更多，没有人知道。而她的另一个无处不在的“配饰”是一只活泼的杰克罗素梗（一种白色梗类犬）。

如果我告诉你在大街上或朋友圈里，我所见到的只有名牌包绝无其他，那肯定是假的。我发现，中年法国女人更倾向于去寻找一款与别人看到的任何一个都不一样的包。法国女人会不遗余力地寻求能为她们提供与众不同感觉的设计和精品店，在那儿，她们可以找到仅属于她们的特色包。

玛丽亚·路易莎·普马尤曾因在发现新设计上有敏锐的眼光，曾因能以艺术家的眼光为自己的精品店（不管在过去还是现在）挑选衣服和配饰，并在此有着不凡的天赋，被认为是世界顶尖时尚人物之一。她却被那些明显象征着身份地位的配饰震住了。

“我不明白为什么每个人那么愿意通过一个配饰来告诉人们‘我属于特定人群’，”她说，“我讨厌极力界定身份地位的任何东西。”

我们常听人说需要是发明之母。瓦妮莎·布鲁诺告诉我，成为母亲让她发明了在她看来可能是最有名的配饰。

对现在的她来说，最引人注目的设计就是被复制了一次又一次、把手处的小金属镶嵌物闪耀着光芒的帆布手提袋，这正是个性需求的解决途径。“我女儿出生后，我总是要带好多东西——包括一个女人通常带在包里的物件，还有那个时候我正需要一些东西，再后来就是宝宝需要的东西，包括奶瓶。”她解释道。

而她所需要的仅仅是一个包，一个既漂亮又实用的包。

帕斯卡莱是巴黎老佛爷百货公司的一名可爱的购物顾问，她曾花几个小时的时间跟我谈时尚以及时尚的实质，当谈到如何买到一个非常有个性的钱包时，她提倡寻求那些与众不同的。她提供设计款式供我们选择，当然，她很快指出，那些与众不同但却做工精良、价格合理的都可以作为替代选项。

鞋子

说到鞋子，那可绝对不是“只要合脚”这么简单的问题。中年女性不会穿走起路都感觉不舒服的鞋，她们会根据需要选择鞋跟的高度。

“我要不要穿高跟鞋呢？”尚塔尔·托马斯（Chantal Thomass）超炫丽内衣设计师，法国时尚界响当当的人物，这样问自己。慎重地思索之后，她答道：“当然要，只不过再不是以前的穿法，车里面我穿舒服的鞋子，但就在我要走进派对的那一刻，我的双脚就会迅速滑进准备好的细高跟鞋中。”

那些喜欢尚塔尔·托马斯的女人，她们会把那极高的细跟鞋留到特别的场合。（时间和运动有限的时候，她们也从不会忘记芭蕾平底鞋和鹿皮休闲鞋也是很有魅力且不过时的，同时可以加快走路的速度。）我看到70岁甚至70多岁的女人都明白，“舒适的鞋子”中，芭蕾平底鞋一直是比较好的选择。或者说，更多的人指出芭蕾平底鞋就是她们心目中最舒适的鞋子。法国女人向我们证明了，时尚的每一天和舒适的每一天并不冲突，对她们来说，二者可以兼得。

在每个年龄段法国女人的衣柜里，都有一些芭蕾平底鞋和至少两三双鹿皮休闲鞋。每个人也都有一两双高跟软质皮靴子（一双黑色、一双棕色、一双有跟的、一双没跟的）。大多情况下，一个法国女人可能也有一双平底靴和一双中跟半长靴，这能搭配短裤、不透明长筒袜或裙子。与传统观念不同，如果以那样的方式穿戴，只到脚踝的靴子没有年龄上的限制。

即使一个女人对鞋子再痴迷，有多得夸张的收藏（我相信就凭这特别的痴迷，我们能够确认这一点），她也会有最基本的几双鞋：黑色小山羊皮鞋，仿鹿皮皮鞋和强光泽仿革名牌皮鞋，春夏皆宜的（鞋后帮呈带状的）露跟女鞋以及无论什么时候都能穿的、没有任何装饰的皮鞋。在她们中性化的服装基础上，她们的鞋子、包和腰带也都会有很多尺寸，或者增加一些直接大胆的颜色。

直率的色调，如红宝石色、蓝宝石色、绿宝石色、紫红色、亮淡紫色、灰绿、珊瑚色或深蓝色等都是有效的点缀。晚上，她要有一双带鞋带儿的凉鞋、黑色绸缎单鞋和一些芭蕾平底鞋（至少有一双是深宝石色调）。她可能已经有了金色或青铜色的凉鞋，尤其为了衬托那假晒肤色或是自然的黝黑皮肤颜色。她爱她的帆布登山鞋，不管是平的还是楔形的。夏天，到了这个阶段，她可能还需要几双平底凉鞋为几个月的温暖天气做准备。

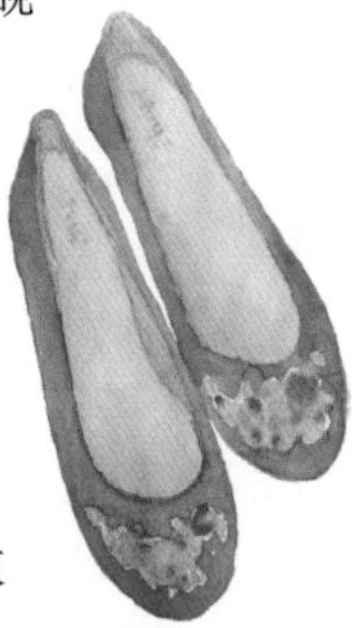

就像我一直说到的，法国女人节俭，她们依赖那少许“驱动事情成功的男人或女人”，他们可以让她们的衣服和配饰一直保持原始的良好状态，有时长达数十年。

科特先生就是我的“驱动者”之一。他是我的私人鞋匠，但事实上远非如此。他已经挽救了很多在我看来就要永远失去的鞋子。把我断了的凉鞋重新缝合在一起，为我最喜欢的鞋子换底，还有更有趣的，他曾为我的好多鞋子反复染上不同的颜色。我有一双黄色露跟（鞋后帮呈带状）芭蕾平底鞋，当那黄色看起来已无法挽救的时候，他把它变成了紫红色，当紫红色也完全褪去了之后，我们又把它染成酒红色。我想有一天它还会变成海军蓝色，最后可能变成黑色。他也曾把我的驼色山羊皮芭蕾平底鞋染成绿色。现在，我们有规律的修鞋时间表：靴子在每季节末都要做一次鞋跟和鞋底的检查，可能只是磨光、上色使其更亮，所有从他那儿取回来的鞋子会立刻焕然一新。他简直就是个懂巫术的神人。

如同你正要吃饭或马上要吃完饭却突然想起一个话题一样，现在正是我们开始另一个话题的好时机。运动鞋怎么样？是啊，它们怎么样呢？运动鞋这个词语（sport shoes）里，把“sport”（运动）这样一个名词用作形容词是不是给了你什么启示呢？它是为运动而设计的一种鞋，是的，关于这种鞋子舒适度和耐久性的讨论，我没有充耳不闻，尤其是旅行的时候。坦白说，运动鞋其实很容易磨损。

德比鞋（Derbies），这是当前普遍能够让人们满意的一种鞋子，能够在耐久性上提供保障。结构合理的鹿皮鞋也可以做到这一点。匡威（Converse）高帮鞋在法国女人以及她们的女儿、孙女、外孙女中也十分常见。法国女人也喜欢胶底球鞋，而本西蒙（Bensimon）是大部分人梦寐以求的品牌。它们很像经典的科迪斯（Keds），美国人都穿着它们去露营，我注意到，从那以后，科迪斯就发展成了一种时尚潮流。

珠宝

啊，这是我最喜爱的东西了。

除了那些古怪的幻想型精巧饰物，珠宝真的是最具个性特征的配饰了。因为它们常常包括祖传遗物，常常充满了感伤的记忆。这些珠宝很大程度上是一个女人的延伸，因此它们也成为这个女人个性特征的一部分。

在法国，珠宝当然包括16岁生日收到的珍珠，也可能是更小的时候（那真的要花一段时间来填补）别人赠送的带漂亮饰物的手镯，或者是各种宽度的金手镯。这些年，各式各样的戒指也都已陆续被女人们收藏。人们购买或用于赠送的其他种类还包括带各种钻石的金银大圈形耳环和金项链，如果够幸运，你还可能得到慷慨的祖辈或有眼光的爱人赠送的简单钻石耳环。

贝尔纳·厄博纳（Berna Heubner）是我一个美国朋友，住在法国已经30多年了，她曾介绍我去看她那特别的宝石项链——纳德吉（Nadege），她称纳德吉是她的“灵感”。当她看到那串项链，她就一阵狂喜，然后跑出去，把它复制下来。从那时开始，她就开始收集那种大颗的宝石。纳德吉让她结识了她的珠宝设计师，而她把她的珠宝商也介绍给我。但在我看来，法国女人因不愿意与别人分享她们的秘密而口碑不好。我认识的所有朋友也都这样认为。

私人珠宝设计师是极致的奢侈品，原因是你不能想象的，他们奢侈是因为他们能够把现存的令人厌恶的东西转变成极端的美丽，而这个过程中也为你节省了不少钱财。

我的私人珠宝设计师皮埃尔就曾把朋友送给我的一颗漂亮的钻石和一枚蓝宝石钻戒转变成了一串很长的漂亮珍珠项链上的一个卡环。

当然，原则上来讲，把握尺寸是很重要的，但就珠宝而言，我发现娇小精致的女人往往佩戴很有厚度感的手镯，巨大的戒指，大链环的项链以及密集的胸针，而且这种搭配对女人个人魅力的展现屡试不爽。但仅从安全层面上讲，我们得打开天窗说亮话，她们不会把她们拥有的所有珠宝都戴在身上。那是风格问题。尽管对我们来说很容易去学，但这种风格很容易识别，却很难区分。

我们要时刻记得，镜子是女人最好的朋友。当你发现身上的珠宝配饰确实太多的时候，那就毫不犹豫地去掉它们。

安妮 · 玛丽 · 德加奈是我一个老相识，她极其时髦，习惯从不同的国家收集人造珠宝。而她收集的唯一标准就是大和颜色亮丽，因为她真正的家庭珠宝也有着同样的标准，所以她收集来的每一件宝贝都“相处”得那么融洽。当伸手去拿她那满满一箱宝贝时，她眼睛里闪耀着快乐的光芒，她跟我说：“这些东西是那么的喜庆和艳丽，我可以把它们装饰到我的长裙、我的Zara上衣上，方便时再取下，还有什么比这更时尚呢？”

安妮 · 弗朗索瓦丝是我最好的相识时间最长的朋友，她在巴西居住多年，因而她是我见过的对珠宝收集极富见解且有创意的一个人。她喜欢大的、色泽柔和的半宝石与宝石相称的珠宝，但也完全不排斥翡翠和红宝石。

即使她现在已经移居法国，每次看到她的戒指和耳环，我还希望我是在里约热内卢拜访她。她也收藏了很多家庭珠宝。对于安妮 · 弗朗索瓦丝，我认为我从未看到过她佩戴人造珠宝，她有被原汁原味的东西所包裹的怪癖。

无论什么时候看到她，我都仔细审视她那些珠宝，通常结论是她所佩戴的东西我以前从未见过。“别傻了，”她跟我说，“你也有啊，我有这些已经很多年了。”（尽管她偶尔也说：“对，你没有，这是丹妮送给我的生日礼物。”）

安妮 · 弗朗索瓦丝有三个女儿，其中一个是我女儿在法国的第一个朋友，也是最要好的朋友。三个女儿都有大量的珠宝首饰，其中一些是家族传下来的，而另外一些是她们的妈妈赠送的礼物，全都是巴西制造。

我注意到一定年龄段的法国女人对珠宝都有自己特别的嗜好。每个人对每件东西的热爱程度都不完全一样。安妮·弗朗索瓦丝对戒指的偏爱达到了痴迷的程度，但她也喜欢胸针和耳环。她很少戴项链，除非那种带有大颗宝石的金链子。安妮－玛丽整天把戒指和各式手镯堆积在身上，而卡捷无论穿什么衣服，无论什么时候，哪怕是游泳的时候，总是戴着那条精美的金链子，上面有一颗硕大的晶莹剔透的白色珍珠。玛丽安娜，从我所看到的来讲，她的口味很杂，但常常戴她那条宽的（1.5厘米）钻石外面包有硬壳的结婚戒指。

我的一个要好的朋友经常戴一个深蓝色、周围镶钻的环形蓝宝石戒指。幸运的女孩在自己的订婚典礼上可能会收到这样的惊喜。

这个小东西绝对不是美观而无价值的饰物。它是我朋友的老公给她的礼物，但却是作为他们25年婚姻终结的纪念。这种礼物常常被称作les cadeaux de rupture，我认为如果真的有必要翻译的话，它应该被叫作“分手礼物”。

这样的传统让我们明白，当一种亲密关系即将到达终点的时候，男方都要送给女方一个告别（adieu）的礼物。这种纪念品可以是珠宝配饰里的任何一样东西，或小巧可爱，或价值非凡，简单到一小束紫罗兰花。

但结果却是我朋友的婚姻并没有结束，她现在非常迷恋那个戒指，看到它，你就会立即明白其中的原因。

我喜欢耳环，也非常爱手镯，我有很多很多项链，尽管这些年来我用我饱满的热情收集，却很少戴它们。

表：一般情况下，一个法国女人会有一块大部分时间都戴着的、独一无二、无法取代的表，还有一块夏天佩戴、能带给她“灵感”的表。我的一些朋友避开乐趣所向，每天只戴那带有许多她们永远的记忆的经典款。

我有两块表。一块是男式卡地亚腕表，偶尔会更换表带，但常常是亮色。另一个是我丈夫送给我的礼物，那是一块精致的钻石表，表带是他妈妈传给我的，上面有双号数字。

腰带

法国女人真的可以做到让年龄变得与自己毫不相干，但为什么仅仅因为她们不再是曾经的蜂腰身材就不再系腰带了呢？如果一个细节就能导致一个问题，那她们真的要重新思考并找出解决办法。也许她们更倾向于屈服或放弃。

为了配合她们这个时候慢慢变粗的腰围，中年法国女人的腰带均不相同：宽松的、低腰的，或打破以往那种紧紧地勒住中间或让腰带穿过带圈儿紧紧系住的方式，变成浮在上面。有些人发现把围巾用作腰带也是可行的，特别是穿裤子的时候。

有些人喜欢绸缎丝带，它柔软更女性化，而且能增添些许季节性的新色彩。

围巾、纱巾、披肩

毫无疑问，这就是众多配饰中法国女人最注重的一个。

在成为时尚记者之前，我回忆起我曾注意到的围巾的两种戴法：

长的、笨重的针织围巾一圈圈缠在脖子里以求保暖，方形丝巾折成三角形系在下巴下面以固定摇摇欲坠的头巾。

然后我因工作需要被派往巴黎，在那儿，人们用最独出心裁的方式来佩戴围巾，不为功效，只为时尚。我跑回家开始写围巾的故事，同时也开始了我的个人收藏。今天，我的收藏已到了令人犯愁的地步。

我可以歌颂它，因为围巾也许是无声阐述一个人的个性特征的最简单的方式。虽然有些花样的系法需要花心思，但是想一想，花心思也是值得的。

温馨提示：围巾可以让人显得年轻，也可以让人看起来更老，所以当发觉围巾的系法显示出你一丝邋遢的迹象时，赶快解开它，重新再系。

学着把披肩吊在我的肩膀上也花了我一段时间，从那些形而上学的事例来看，学习法国女人穿披肩所惯用的把它们固定在原处的方法就很管用。但对初学者来说，肩膀边缘处“重要的”胸针不仅是一种可以称得上“美”的格调，还是保持披肩位置的一种有效方法。很快，我自己还有你就会发现把披肩固定在那里刚刚好。

披肩为上半身保暖，但其作用远不止如此。它能为衣服增添一种难以描述的好品质，这种品质可以让所有的东西发生转变，从经典的牛仔裤、运动装或白色衬衫变成迷你可爱的黑色连衣裙，或从简单、单一变得艳丽惊人。一件笨重的黑色羊绒外套就是很好的例子，加上披肩就是为这中性的着装增添色彩的一种理想手段。

贴身衣物

严格来讲，如果有个人写一本关于法国女人的书，他一定会在书里提到法国女人的内衣。

法国女人喜欢自己的女性特质，喜欢去体味自信，也喜欢漂亮的内衣紧贴肌肤的感觉。另外，她们追崇这样的理念：她们时刻穿着漂亮的、美感的东西，即使这种漂亮与美感很有可能不会被任何人欣赏到，除了她们自己。

采访中，我确定了一种假设——内衣能够满足并实现所有的愿望。

这些年来，在我的衣柜里，大部分让人兴奋的服装就是那些五颜六色（“颜色”是比较有效的词语）的、健全的、可靠的、能带给我心理支持（不夸张地说）的内衣。我原本以为颜色是一种大胆的说明，很显然，它不是。现在我有许多装饰，许多大胆的、超越世俗的物件。我那些带花边的、独特得有些不雅的小物件给了我隐秘的快感。我发誓，这是真的。而且有些能像那些没有任何装饰的替代品一样能够给我支持与帮助。

小心处理

普皮耶·卡多勒女士（Madame Poupie Cadolle）建议说她的内衣（高级时装和现成时装）都是温水手洗。她说：“洗发水是最好的‘洗衣皂’，因为它不含洗涤剂成分。”她还说：“内衣不是衣服上的花边，花边装饰比我们想象的还要坚固，但内衣的弹性会在你把它们随手扔进洗衣机的瞬间就被破坏掉。”

无论怎样，有一点不可否认：哪怕只是为了我们特别私人的乐趣，贴身内衣也令人激动。漂亮内衣甚至可以改变一个女人的态度。它们有那么强大的力量多半是因为它们是我们的秘密，支撑着我们个人品格的其他方面，虽隐藏在其他衣物下面但却必须展现出来的那些方面。

每当我要坐在电脑面前时，我的浅灰色的可爱内衣就派上了用场，尽管它既不柔滑也不性感，但我至少正在应用每一个法国母亲教导自己女儿的基本规则：从来不要在自己的家里穿色彩不相称的内衣。

你还记得妈妈曾教给我们怎样确保内衣清洁吗？我们的妈妈担心的是意外事故，而法国妈妈可能更关注内衣的关联性——这是能够展示我们不同文化的一个细节。

尚塔尔·托马斯，法国时装界著名的内衣设计师，就意识到一些女人根本就不关心自己真正喜爱什么，但她确信那些关心自己喜好的女人深深知道内衣的转型效果。托马斯坚持说，内衣能让一个女人无论坐、动，甚或工作的时候都透露出与别人不一样的魅力。

她这样形容她风情万种的内衣藏品，“娇柔、性感、舒适、傲慢”，同时她强调“舒适”是最重要的。她说：“内衣必须让一个女人感觉很好。”

我们经常听到或读到法国女人对丝绸内衣非常痴迷。但当我问起我的朋友这是否属实时，只有一人承认，其他人全摇头说“不”。

安妮·弗朗索瓦丝说那需要太大的工作量了：“丝绸内衣需要手洗和熨烫，所以我不觉得它们有什么好。”差不多像我认识的所有人一样，她曾有过一些丝绸内衣，但穿丝绸内衣的日子已经一去不复返了。就像一个朋友说的那样——“那都是过去的日子了，那时我们都还年轻，还有时间，或者对某些人来说，有人为她手洗和熨烫她们的丝绸内衣，也许我们穿整齐的内衣更多是为他人并非自己”。

杰拉尔丁是我多年的朋友，她说她有一个小抽屉，专门放她那些心情不好就要穿的丝绸料的胸罩、短裤和背心。一般情况下，她都是从一个装满免烫漂亮物件的大抽屉里选择内衣。

在巴黎，要找一些精致的丝绸内衣一点都不难，但据我所知，每个大型商场里提供的都是那种更“合理”的替代商品——就是那些价格更加合理，最主要是不需要特别护理的内衣。真正好的丝绸内衣都有着惊人的价格，还需要小心护理。

说到价格昂贵，我一直听说奢华的私人定制内衣是巴黎的一个奢侈品，但从未想过去考察一下，直到我必须要为我这本书去做调查。

我拿起电话打给普皮耶·卡多勒女士，她是著名的绝美内衣创造者和供应商，也是时尚的化身。她的高级时装内衣沙龙就隐藏在圣奥诺雷郊区街（Faubourg-Saint-Honoré）的尽头。只穿黑色衣服的卡多勒女士显得有点圆，就像法国人说的，她有着苍白的脸色和齐肩的亚麻色直发。她是个中年女人，所以她委派给自己的任务就是小心再小心地支撑起我们的胸部，控制住我们的腰部，提起我们的臀部。她也喜欢这样的说法——穿上奢华内衣的女人可以给她和她的男人带来快乐。

有时，她偷偷告诉我，有的男人会陪他的妻子和女朋友来买内衣，有的人会告诉她，在他们的浪漫生活中她是功不可没的，这样的夸赞使她得意到晕厥。

没关系，我那时坐在她那充满桃红色可爱内衣的精品店里就想知道为什么一个女人愿意花650欧元（最便宜的胸罩的价格，相当于人民币5 473元）却只为满足上半身的需要。在这个问题上，卡多勒女士变得十分谨慎。

她痛恨全世界内衣店里那随处可见的、随便到不负责任的潮流，这些潮流让女人们在完全脱离重要信息的情况下就匆匆选择自己的内衣。原本那些信息可以让她们拥有高挺的胸部线条，也可以给她们支持，让她们所选择的每件东西拥有持久的魅力。她确信那些女人购买了不符合自己风格的胸罩，也对她们的轮廓构成了不可估量的伤害。她还说："真惭愧，大部分内衣店基本都是没有受过专业训练的人员为顾客测量尺寸，再帮她们做出选择。"

既然这样，我就问她，如果我们要购买现成的胸罩，应该寻找什么样的？以下是她给我的建议：

- 罩杯必须要带钢圈以便托起胸部。
- 胸罩的肩带一定要坚固且没有弹性，这样才能把胸部固定在一定的位置。
- 在后面，肩带与胸罩扣的联结处，一定要有松紧。
- 胸罩后面的胸罩扣一定要比前面低。
- 如果后面的胸罩扣比前面的高，阻止胸部走形（松弛或下垂）的支撑力就更小。后面的胸罩扣越往上，胸部就越容易下垂。

在她那个高级时装沙龙小店里，你能够想象得到的精品内衣应有尽有，包括各种颜色（只要你能想到）的束身内衣、睡衣、背心、女式宽松裤、充满高科技却丝毫不失华丽的各种礼服和吊带袜。

卡多勒女士为这样的事实感到悲哀，大部分女人都认为她们已经从吊带袜的束缚中解放出来。"它们那么娇柔，那么性感，"她说，“它们满足了男性的所有幻想。”她说，而且新娘喜欢这个。

为了拥有高级时装，如果你还没有3个配饰和也暂时没有主要投资，正处在饮食无忌、养尊处优的生活当中，你就可以来Madame Cadolle的精品成衣店。这样，你就离尚且为数不多的定制服装只有几步之遥了。在这儿，精致的胸罩150欧元（约合人民币1 264元）起。

指甲和指甲油

当然，指甲油是一种必要的配饰。它是以往所有发明中最标新立异、花费也不算高的一种装饰。为什么化妆品店不断地引进新的颜色——从灰色、黑色到黄色、蓝色以及其他颜色，把它们与那些经典微妙的理念混合在一起。如果他们没有意识到有些女人在新季节到来之际承担不起大的花销，那么像指甲油这样便宜的东西她们乐意买吗?

根据手的外观条件（手上是否有静脉血管或者斑纹），如果她足够大胆的话，她就可以在市场上应有尽有的颜色中尽情挑选，如果她觉得那些鲜艳的颜色仍不够有渲染力，她总是可以有自己的风格。

我的朋友，她们大部分都选择浅桃红色系范围内的颜色。当我冒险进入与我们村相邻的镇上时，在那些开精品店的女人身上，我看到了更大胆、更特别的颜色。她们倾向于灰色到红色中的每一个色段，从葡萄酒的深红到鲜艳可爱的樱桃红，再到从珊瑚色演变来的各种各样的颜色。她们一般把脚指甲染成黄色或绿色，这种情况下，她们常常穿凉拖作为搭配。在我看来，这些只是一种时尚游戏而不是个人特征的展示。去年夏天，一个女人穿了银色的凉鞋涂了灰色的指甲油，看起来非常漂亮。

9

永远雅致：

源自对自身修养的要求

魅力、优雅、平和、机智相伴一生

法国女人，尤其是过了40岁的法国女人，不仅在打造个人风格上投入很多精力，也更在意自己的行为举止和生活质量。所以40岁的法国女人往往会主动地别有新意地安排自己的生活方式，毫不遮掩此举的目的性，也绝不吝啬技巧和手段。

光阴荏苒中，她们求证了一个真理：悦目者则怡情，而滋养灵魂者概生之所求。

她们对细节的关注在每件事中都有所体现。不仅对自己一丝不苟，还会在维系家庭和友情关系时——尤其是关怀和体谅亲人时，将这份精致与严谨发挥到极致。

在生活中，她们将一切安排得妥妥帖帖，不留一丝漏洞。

在我们看来，法国女人都有迷人的外表。但我想向你证明的是，相比外表，她们的性格、她们的优雅及她们的魅力更具吸引力。

美丽之根本

徒有美丽的外貌并不招人喜欢，主要是因为过于枯燥、肤浅。在法国，乏味的事物被人厌恶。真正的时尚需要丰富的内涵、见识、机智，引经据典是根本，要能引导谈话走向，妙语连珠，高谈阔论。维持美丽的关键在于永无止境的学习和求索之心。简而言之，这些就是青春永驻的秘诀。

如果一个女人能凭借自己的智慧与教养激发人们无限的想象力，又有什么比这更吸引人呢？早在现代女权主义概念在法国土地上生根发芽的几个世纪之前，法国女人就已经在用 她们的影响力夺取权力了，主要凭借就是女性气质、稳重，当然还有聪明才智。历史中这样的女英杰比比皆是。

虽然蓬帕杜夫人因身体衰弱而无法与路易十五肌肤相亲，但很长一段时间里，蓬帕杜夫人在国王的生活中仍然占有重要地位。路易十五对蓬帕杜夫人情有独钟，这绝非偶然。她漂亮、活泼，既能出谋划策又忠贞不渝。一天的国事烦扰后他总能在蓬帕杜这里得到最彻底的放松，所以路易十五对他们之间将近23年的快乐时光视若珍宝。在法国历史上，蓬帕杜绝非一个简单人物，她有着令人销魂的容貌，受过良好的教育，还有缜密细腻的头脑。不仅如此，侯爵夫人（蓬帕杜）懂绘画和雕刻，常为国王弹琴取乐，表演话剧为国王解围。她因嘹亮的歌喉和可爱的谈话方式而出名，也因此牢牢地拴住了路易十五的心。侯爵夫人觉得即便是娱乐也要全身心投入，所以她经常会把各种宴会和扑克牌游戏搞得有声有色。

蓬帕杜的公寓布置奢华，但也透射出女性的娇柔之气。房间里摆满了各种精美高雅的物件和漂亮的、散发着迷人香味的花卉，当然也不乏各种美味。（她是巴黎塞佛尔瓷器工厂的主顾，在她的眷顾下，塞佛尔瓷器工厂生意兴隆。）蓬帕杜生活上的奢华高雅虽然有些过头，但也让不少女人艳羡不已。

当然，她的衣着更为华丽，她的着装基本上代表着当时的时尚潮流。她喜欢用娇艳的粉色来掩饰那张已稍显苍白的面庞。毕竟，对她来说，生活的全部就是讨取国王欢心，因此她要一丝不苟地在这个舞台上做最漂亮的主角。

取得了国王的信任，从此成了路易十五的红颜知己，蓬帕杜也费尽心机地渗透到他的政治生活中去，让路易十五在国事上对她言听计从。当然，这是好还是坏只在于你更信任哪位传记作家了。

听说蓬帕杜42岁就香消玉殒，死于肺结核，路易十五极为震惊，也伤心欲绝。

我还讲了另外一个爱情故事给我的女儿：那是美丽善良的曼特农夫人与“太阳王”路易十四的动人故事。

在他的第一个妻子（王后）——西班牙公主玛丽亚·特蕾莎去世以后，路易十四就娶了52岁的寡妇弗朗索瓦丝，并在一个秘密的宗教仪式上给了她曼特农夫人的称号。

历史学家都说曼特农夫人是一个特别有吸引力的女人，她优雅、虔诚，而且特别聪明。在他们没有结婚前，路易十四就花大量时间在自己为她买下的城堡里度过，在那儿与她谈论政事和宗教。因为曼特农夫人本就是一个虔诚的天主教徒，有时候还参加其他新教，并研究经济学，所以他们在这些话题上颇有共同语言。尽管从不被史学家所承认，但从很大意义上来讲他们已经成为情人了。很多人说任凭一个人天生多么端庄（曼特农夫人因端庄著称），当路易十四有这样的要求的时候，总是很难拒绝的。

据说，对路易十四来说，曼特农夫人是一个非常有影响力的女人，她是路易十四虔心回归宗教的一股强大的背后力量。

法国的沙龙文化

纵观法国历史，法国女人的名望与声誉均源自沙龙。这是法国上层社会像知识分子、艺术家、作家以及达官显贵这些人聚会娱乐的地方，但其实他们来这儿的唯一目的就是找刺激的话题进行交谈、辩论，比一比谁更能妙语连珠。含沙射影中他们就巧妙地交换了对一些重要问题的看法。现在看来，应该说是沙龙将让娜·安托瓦妮特·普瓦松（众所周知的蓬帕杜夫人）带入了法国上流社会，她的沙龙造就了她的智慧、优雅、吸引力，而她也因此建立了她在法国历史上的声望。

智力的激发一直深深扎根于法国社会。事实上，它一直是个人魅力的最高展现形式，今天也是如此。然而，暗示女性拼伎俩、耍手段是她们进入权利中心的唯一途径是不公平的，这对社会、对国家都没有好处，但这是一个聪明的法国女人生存技能的一部分，有些人还表示她们也将会是这样。

很多历史学家把法国大革命中参政的女性看作是首批有男女平

等概念的女性。但是，有趣的是，直到1944年法国女人才拥有投票权，而事实上这种投票权直到一年后她们才真正获得。相比之下，美国宪法第十九次修正案就已经给予妇女投票权，并在1920年获得通过。

西蒙娜·德·波伏瓦的作品《第二性》被世人认为是法国现代女权运动的奠基之作，1949年出版发行。在这篇著作中，她大胆地提出了“Other”的概念，这个概念假定，“存在先于本质”，那么不难得出“我们不是生而为女人，而是成为了女人”。言外之意，她坚持认为存在主义哲学让她在当时那样的社会里拥有了与男人同等的权利。她与“男人高于女人”这种“先入之见”做斗争，并乐此不疲地为那些女人辩论。但她鄙视那些虽然完全有能力主宰自己的生活，数百年来却甘愿屈服于男人之下的女人。

社交的力量

常常，法国社会中最有吸引力的那些元素会成为沙龙餐桌上人们谈论的话题，他们喜欢谈论能使美丽的夜晚变得更加难忘的东西，这就使得一个法国女人引导沙龙晚宴成为可能，一如她们的先人当初在沙龙晚宴上的风采。

事实上，我也经常参加这样的晚宴，在宴会上争论到底谁最能在他的肖像画中描绘出真正的路易十三或路易十六，而这也常常是沙龙晚宴的重头戏。（真的，我很想知道，这些油画家们真的每个人都见过已故的国王照片吗？）对于画中国王鼻子的尺寸与满是皱纹的下巴，我的宴会同伴们调侃说，那是把低俗的砂锅炖菜和高雅的拉图酒庄干红葡萄酒滑稽地放在了一起（法国人太喜欢低俗和高雅的结合了，比如说最简单朴素的乡下菜和最能代表高端品味的红葡萄酒）。我想应该没有人不喜欢如此有趣的法国晚宴吧？

试想：如果在一个国家的高级中学课程里，哲学是一门必修课程，而且最后有严格的学士学位考试，那么，你又如何能指望那些成年人忘却知识沙龙带给他们的快乐呢？在学习这门课程的过程中他们可以讨论，可以辩论世间一切事物，或浅显、或深奥，这是多么让人快乐的一个过程。

在他们看来，想办法应对哲学课程考试中的各种问题也是一种非常棒的室内游戏。

我忍不住想知道是不是其他国家也有有关哲学的月刊杂志，当然法国是有的，而philosophie（德语，哲学之意）刊物编者的目的也只是通过对政治、社会、科学、经济以及艺术等问题的分析讨论，吸引更多的读者。

社交场合中，唯一从未听人们讨论过的话题就是宗教，在法国这是一块禁区，因为这样很冒昧。在法国这样一个礼貌至上的国家，冒昧是要不得的。听到这，你也许很吃惊，的确，吃惊是意料中的事。

The French Are

法国人的与众不同

我们这些母语是英语的人，对法语的理解会出现很多误区，对语法的使用也会出现不小的错误。（正因为这样，我永远也搞不清动词变位规则。）我们常常能够想到的一组同义词就是“faux amis”（法语：假的朋友）和“false friends”（不忠实的朋友）。“education”（教育）也是这些词中的一个。

对我们来讲，“教育”就是我们在学校里学习知识，但在法语中，它却指一个人在家里和上流社会里历练来的东西：优雅、机智、客套、品行，以及通过定期去博物馆浏览艺术画册和历史书籍掌握对各种文化的鉴赏能力。

“教导”只是一个人在学校时对“教育”这个词的理解，当然，文化修养才是法国教育系统中的一个最重要的部分。

最近，法国中学哲学课程测试中要求学生去讨论这些问题：

- 没有了政府，我们会不会更自由？
- 信仰与理性矛盾吗？
- 成为有用的人是不是我们学习的唯一目的？
- 自由会不会被平等压倒？
- 科学比艺术更重要吗？
- 个人知识水平的高低是否决定着自我控制能力的高低？
- 是不是只有遭遇了不公正才能更好地理解什么是公正？

这就把性别歧视和一些政治话题直接摆到了桌面上，哦，对了，那些“长舌”们（爱说三道四的人）又何尝不是把这些问题放在茶余饭后讨论呢？似乎自从有了国王法庭就有了八卦传闻，它成了刺激的鸡尾酒会（才华横溢的人的交流场合）不可或缺的组成部分。

法国人整天叫嚣的金钱、工作和社会地位，美国人向来都避而不谈，这与一个国家的社会礼仪密不可分。有人曾渴望拥有这样的周末度假屋：在巴黎郊外某个小村落、在一个家族酒庄、在格施塔德的小屋和比亚里茨的度假别墅，迷人的风景，博物馆里才有的珍贵家具（永远陈列在我们的家里）以及形色各异的、代代相传的珠宝首饰，这些东西应有尽有。

可能因为我是美国人的缘故，我们没有像欧洲那样可以炫耀的历史（尽管我们也有很值得骄傲的“五月花”号），但令我感到吃惊的真的不是他们的鄙视，而是那些成功人士少得可怜的鉴赏力。你们不妨读一下这句话：财富就是他们所拥有的实实在在的东西和他们的野心。这些暴发户的成功案例常常都会成为一些人最生动的八卦消息，比如那些千方百计想拥有财富的人，或做梦都想一夜暴富的人，或与他们都不相同，除了寒酸的住所再无他物的人。

不管谈话或社交的主题是什么，你都必须有所准备，或者有足够的知识储备。法国女人并不只为这样的社交做准备，她们是真心喜欢这样的体验。敢问，有什么比一个热衷于唇枪舌剑的法国女人（或男人）更有活力和魅力呢？年龄吗？年龄又算什么呢？

社交是神圣的，它是一种与年龄无关的、永无止境的追求，它与激情同在。

我认识的法国女人，大部分只要听说巴黎有最新展览，她们全都会一拥而上，其他的则倾向于去寻求一些不为人知的博物馆和美术馆，然后与朋友分享她们的见闻。如果她们带她们的孩子或孙子去看展览，就会在午餐时谈论她们所看到的一切。在巴黎，她们有时也会去看一些陈列的艺术品，去欣赏文学作品，去看电影，看芭蕾舞剧，去听音乐或去品尝美食，她们觉得这些就如同呼吸一样必要。她们也坚信将这样的习惯代代相传是她们的责任，而扮演这个角色的都是祖母辈的法国女人，这给了她们与自己孙辈相处的时间，对她们来说，这样的时间算得上一份极贵重的礼物。

我有一个朋友，她是巴黎大学的旁听生，她跟我说："那真的是很刺激的事情，你完全可以根据你自己的心情，选择一个你熟悉的话题，交流后你可以学到更多。你也可以选择一个你从未接触过的话题，从中学习全新的知识。"她还说："每次我发现新的难懂的东西，我就会拿来与我老公分享，他也非常喜欢这样。我想这也是幸福婚姻的小秘密——尝试与分享。"

我的许多朋友都有歌剧院或芭蕾舞剧院的月票，还有些朋友比较喜欢看电影。总之，我朋友手中的电影列表上都有一些最新电影，甚至包括那些只在电影制片地或巴黎的小型艺术剧院才播放的那些昏暗得看不清字幕的电影样片。

你还记得最后一次想看一部阿塞拜疆或班加罗尔的电影作品是什么时候吗？我的朋友埃迪特和她的老公随时随地都在寻找这样的低成本作品，有时他们会失望，但常常他们都被迷住。我常常能听到他们的观后感。

但渐渐地（也令我伤心），电视真人秀出现了，它在节目编制中占据了黄金时段。仔细想想，许多人比较喜欢历史的秘密（Secrets d'Histoire）里精心打造的那些情节，这是法国一些主要频道（这类节目不会委托给艺术剧院，也不会移交法国历史频道）播出的一部不太正规的电视剧。而这些频道通常是王室专用通道，会播出国王法庭内部的一些阴谋事件和国王的风流韵事，还有野心勃勃的朝臣们操控政事的潜规则，也包括一些世界顶级艺术品和装饰品的揭幕，凡尔赛宫和子爵城堡的景观，以及著名建筑师路易斯·勒沃的建筑学风格展示等。

通过这类节目，生硬无聊的历史故事变成了极具吸引力的童话故事。利用历史学家的史学材料和王亲贵族的复杂关系，以问题的方式重述他们的家庭故事，具有历史意义的信件和文件变成了有感情的大声朗读，这都为长篇的历史故事和节目本身增添了无穷的吸引力。最后再画龙点睛地标注：为了下一次的视觉盛宴，我们在学习，我们在努力，只为下一期你能看到更多的奇闻逸事。

事实上，历史和文化随处可见，它们离我们并不遥远。在巴黎西部一个小乡村，拉斐特的亲戚在那里都有周末度假屋。因为拉斐特的晚辈与我们的晚辈都是要好的朋友，所以我每次到那里都去拜访他们。那乡村的小屋里，一直挂着托马斯·杰斐逊（美利坚合众国第三任总统）的画像（当托马斯·杰斐逊还是美国驻法大使时），包括他的那些极其珍贵的信件和文件，都用框架固定好了挂在墙上，再不必担心因阳光照射而发黄，或因气温剧烈浮动而受到损坏。“导游们”一直很亲切而且慷慨大方，但他们原本都以为我像其他美国人一样，来这儿是想找到两个国家在历史上的一些共同点，有着这样的想法还能对我这么热情，这着实让我非常感动。

自从在法国定居，自从看到历史带给法国人强烈的情感共鸣，我就一直想知道，为什么我在学校读书时对这门课程从不感兴趣？也许，这是历史故事该怎样讲的问题。但是上帝知道，法国人该怎样讲好一个故事。

魅力的无穷力量

动人故事的编排还注重另外一个特点，通过这个特点，法国人不管是男人还是女人，都已经建立起恒久的声望，那就是有魅力。

很多原因，让魅力成了法国女人所有品性中最具有吸引力的一个。单纯为这个词，我们就曾举办过一个正式的星期天午餐交流会，会上我问那些男人和女人："你们怎样定义魅力这个词？"我不知道为什么，我对接下来激烈的讨论感到非常吃惊。法语本身很难懂，常常会有很细微的差别，有时还相互矛盾。但在接下来的论述中，它却变得比任何时候都明了。当时在场的那些人毫不隐瞒地告诉我说："法国女人身上的魅力都是不同的，没有可比性。"

先不去想魅力（du charme）是什么意思，但我们知道这种东西生来就拥有，或者相反。它让人着迷，是一股与生俱来的力量。小孩子可以拥有它，85岁的老妇人也可以拥有它。它与人的气质浑然天成。常常，拥有魅力的那些女人对此全然不知，直到她们迈进了特定的年龄段，但旁观者却能够从她们的一举一动，一颦一笑中看到它的影子。它更是一种神秘的魔术，常常有人飞蛾扑火般地陨灭在它的魅力之下，有它的存在，我们常常显得那么无能为力。

凯瑟琳·耐，一个新闻工作者也是一个传记作家（一个非常漂亮时尚的法国女人）。她告诉我，从婴儿身上就能看到魅力的存在。她说："在我的小外甥身上我就看到过这种东西，他还是个婴儿的时候，会说话之前，他就是那么的令人着迷，现在更是让人不可抗拒。"

也许，这就是我们所说的魅力，罕见且不可能效仿。换句话说，有人曾告诉我，每个人也都可以拥有这魅力，只要他愿意。它也是一个非常完美的替代品，是完全有可能得到的一种东西。

我觉得，它就像这本书里提到过的其他东西一样，如果不是生来就有，那就去学，比如跟别人讲话时一定要看着别人的眼睛，问候别人要慷慨，更要真诚。多说友善、积极的话语，认真听别人讲完不插话，时刻不能忘记谦恭礼貌是友善的代名词。

我形容不出完美的礼仪在法国社会中的重要性，可能我已经做到了。在有些情况下，礼仪仅呈现为模式化的彬彬有礼和仁慈善良。比如，帮助一个特别胆小的客人加入到谈话中来。在一些人与人的关系不太亲密的情况下，也有一些行为规范，可以教你仅表示出恭敬却不亲密。这些都是每个人可以效仿的法国女人的魅力因素。

就像为什么要移居法国这部分里所说，“在每个女人身上都能找到美丽的影子，发现了就告诉她们”，一个人天生就有魅力，但他到底有多大魅力，要看他与别人的友好程度和亲密程度。

下面就是人们对一个有魅力的法国女人的定义：她们活泼、专心、好奇心强、有教养、无忧无虑（表面看）、开放、善良、风趣、智慧。她们在礼仪上无可挑剔，总能做得恰到好处。她们会让别人感觉那很重要，很有趣也很有价值。她会提出问题，也常常聆听别人的意见。

是的，你见多了电视剧里法国女人的搔首弄姿，这是事实。法国女人生来就如此会调情，也沉迷于调情带给她们的诱惑，而这常常又是女性的一种天真无邪，但再怎么说，它只是一种游戏，太有趣了，人人都知道规则。我已经用我生命中最美好的时光在法国的各种宴会上玩这样的游戏。

我得承认，在我第一次到法国以及我刚满30岁后的这些年里，这人与人之间游戏般的交流常常让我感到非常不舒服。当时我没有意识到那只是一种单纯的娱乐，可以让一个个夜晚变得更加刺激、难忘的一种社会娱乐，它并不暗示着任何一种结果。可是当我明白过来的时候，我已经深陷其中，不可自拔了。

我的意思是说那些矫揉造作的怪癖历来都是法国女人品性中的重要部分，而且至今还存在吗？是，当然是，在我看来，社交层面上的法国女人太倾向于展示女性气质更柔弱的一面，当然，这并不减弱它的有效性。我那些年龄在40~70岁的朋友，大部分都是女权主义者，但她们与男人们的斗争却不仅仅是在家里，更多是在公共场所与他们争夺同等的报酬、同等的工作机会以及在政府和企业里面同样的地位。

这是一个旁观者的看法，经朋友确认，我是错的。

在法国，曾有男人很确定地跟我说，年龄对他们来说根本不重要。他们补充说："只需修饰眼睛（任何一个健康男人的眼睛），他们就可以迅速地变成'一个穿着短裙的妙龄少女'。"但是在宴会上，与面对大家谈论的话题无话可说的妙龄少女相比，他们更倾向于在一个能够在自己的美貌和智慧中自娱自乐的女人旁边坐下。

对于一个男人来说，一旦被宴会上妙语连珠、侃侃而谈的法国女人所表现出的那种满满的自信所迷惑，就再也不能像做数学题那样专注参与讨论了，我采访过的所有男人都是这样，我认识的每个男人也是这样，连我的室友都是这样。他告诉我，容貌什么时候都不足以保持你在别人心里永久的吸引力。

如果一种文化承载着魅力、智慧和优雅的永久魔力，试问，你又怎么能不被它所吸引呢？还有，如果能够意识到"美丽的心灵是漂亮容貌最完美、最永久的补充"，还有什么比这更浪漫的呢？

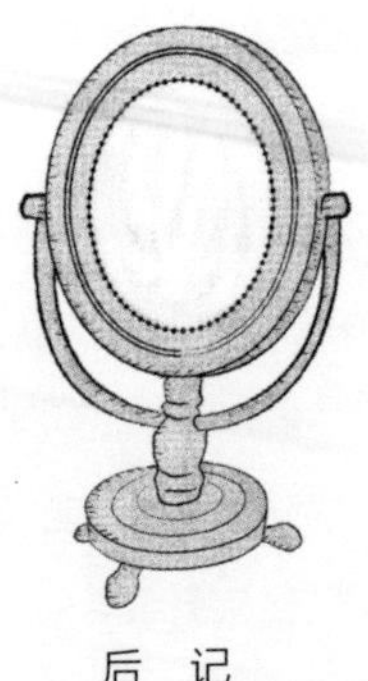

后 记

EPILOGUE

蜕变

半成品

或许你会认为，到这里你就会读到我这段蜕变型冒险故事的结局部分了。在整个故事中，我更喜欢用“une femme d'un certain âge”这句法语来表达自己已经到了一个特定的年龄段，而不是“a woman of a certain age”。但无论我们使用的是哪种语言，我相信你都明白这两者之间的细微差别。我已经到了不惑之年，但毋庸置疑的是，我在法国居住期间所学到的东西已经通过各种重要途径极大地改变了我的生活。

这也许是后记，但是我的转型将会是另一段传奇。

开始这段冒险之旅时，我并不想彻底改变自己。确切说，我只是想得到法国各个年龄段的女人身上那种时尚、充满生机的独有精髓，并化为己用。我求的本是进化而非改革，是的，法国特色的进化。

其实我知道，从很大程度上来讲，我早已不是移居法国前的自己了，在这里居住的25年多的时间里，我的物质生活发生了巨大的转变，我的精神生活也同样发生着变化，而且丝毫不亚于前者。

但是，就让我先从物质生活开始说起，可以吗？

我可以毫不含糊地说我想拥有人人都为之倾倒的相貌。但同时，我想追求更美好的感受，我也想要那种来自内心深处能够好好照顾自己的幸福。事实上，我相信法国女人更倾向于二者兼得，这一点不难看出。

这正是我这次旅行的目的。你们都知道，我尝试过、拒绝过、也曾刻意回避，然后就完全被她们所推崇的礼仪、常规惯例和实用主义所吞没。

我成功过、失败过、也妥协过，但请相信我已经尽我所能，而且结果已经证明了我所说的。不管怎样，这是一场战争，不是一场战役——防卫仍在持续。

说到这儿，你大概能慢慢明白。我就像一个实验室，研究珍珠和香水的实验室，而我，不可能从这样的实验中得到更多的东西，就像我之前怀疑的一样，因为结果就是新的、改良了的、与热情和高雅相关的那些定理。

这定理也是建立在已经被认可或已被证明正确的观点之上的。看！我曾经将我之前预想过的观点变成现实，并继续将我预设的想法付诸实践将其变成现实，每天都这样。

千万不要觉得成为一个法国人是小菜一碟，这需要怀揣着自知和自尊，每天都努力，直到努力变成一种习惯。不费吹灰之力得来的高雅，那只是一种错觉。这对我们来说是有利的一面：因为这些付出是快乐的、富有成效的，回报是一目了然的。当我站在镜子面前，看镜子里面的我时，我看到绝好的皮肤、完美的五官搭配、波浪一样的头发和那纤细的身材（没有人希望自己像个扁豆，至少我不希望），以及高贵、优雅的举止和自信中透射出的泰然自若。你会发现这就是双赢。当我们完全有能力照顾自己时，你会明白，我们所得到的回报就是看起来更年轻、更时尚，身体更健康。

在我看来，我所有的努力当中，遵守已有的生活戒律、具备奉献精神是最重要的。我也发现在这些戒律约束下的生活已经给了我一种新的自由。

我想要在洗澡的时候小心地去掉身上的角质，然后涂上厚厚的润肤霜，保持肌肤活力。但真正有效的脱脂、排毒产品是需要花血本的。

我曾有幸去娇韵诗美颜中心体验一种90分钟之久的排毒脱脂的按摩治疗，天哪，那简直就是天堂般的享受！但这可不是一次性的，要想看到可观的效果，你必须接受定期的治疗。我敢向你保证，这种按摩治疗不会变成你身体上的负担，可对治疗的预算就完全两样了。

对天发誓，我从未放弃过，因为我承诺过要坚持下去，但这并不是那么容易。我仅把它看成是一种惯例，一两个月就能够变成一种习惯的惯例。

我的收腹计划也是一样，我从不相信仅仅靠把一些凝胶剂、奶油或润肤霜涂在身体上就可以得到迷人的、平滑的腹部，那是自欺欺人。幸好，我的药剂师是个可交的朋友，她告诉我把节省下来的钱用到瑜伽课上，我采纳了她的建议，事实证明她是对的。

对我来说，获得黝黑的皮肤——“假晒色”绝对是一段灾难性的经历，并不是因为我没有强烈的欲望，也不是因为我动机不纯，而是这么多年来我总是不能接受那色彩斑斓的条纹和棕色的脚指甲。法国人在这点上从不含糊。有一种说法很有趣，她们说，常年拥有晒成棕褐色的腿是最有魅力的。事实上只是因为，当这种“假晒色”能成为腿上的斑点和丑陋的静脉血管最好的遮掩时，那样的腿会显得更细长，看起来更年轻。这就使得上述观点变得更具有吸引力。在很长一段时间的锻炼（你们知道的，不是每天，只是经常）之后，我终于掌握了方法。在所有为成为法国人所做的努力当中，“假晒色”也是我最大的成功之一。

不难想象，在追求成功的道路上，定有灰色区域，我妥协过、放任过、坐在电脑面前时，我曾素面朝天，这对一个法国女人来说，真的是无法想象的事情。即使今天一整天都不打算出门，我也不能够百分之百确定水表工人不会上门测量水表，也不确定漂亮的邮政女工会不会来递送包裹。对呀！他们看到这样的我会想什么呢？又会告诉谁呢？我又为什么要顾虑这些呢？

今天早上太阳升起，我还是起床用热水洗脸，只为我娇嫩敏感的肌肤，然后敷上特别管用的抗老日用精华素，接着是自诩非常有效的面霜。假想着我工作的时候，他们也在工作。我的头发是用一个头巾拢在后面的，法国人自始至终都认为这是种蓬头垢面的配饰。但事实上，这么多年来我不曾有过蓬头垢面的一天，工作的时候，我一直用头巾把它拢在后面或扎成马尾辫。由于心理学的一些原因，我需要把头发弄得高一点，再高一点，写东西的时候再把它放开。

我的眼睫毛是卷的，润唇膏的色彩虽然很黯淡，但我最想要的就是那种魔术般微妙、耀眼的效果。可能，从某种程度也说明了我也是用了点儿小心思的。

我现在穿的是一件浅灰色的棉料优衣库（日本服装品牌名）T恤衫，还有我那可爱的、脖颈和袖口处有灰色深浅间隔条纹的黑色套头羊绒衫。我不穿汗衫和睡衣裤，除了那条稍微有点弹力的、灰色带条纹的H&M（瑞典连锁服饰品牌Hennes & Mauritz）法兰绒裤子。不管舒服与否，我尚未开始穿那种松紧腰的裤子。众所周知，到了一定年龄之后，法国女人看看自己的裙子和衬衣扣子，就知道是不是该减肥了。无论什么时候，或者在任何地方，我都和法国女人一样，深谙其中的道理。

是的，我会。

我的配饰：我那条灰色的、带有人字形图案的、多层次羊绒围巾常常温暖地绕在我的脖子上，遮住了我那漂亮金耳环的光彩。我的双脚常常舒服地躺在我老公那双带有多色（黑、灰、红）菱形花纹的袜子里，你应该不难看出来我的目的，我要把这双慵懒的脚藏进一双黑色的羊皮休闲鞋中。（但如果我要出去的话，这是万万不行的，我一定要把我的脸颊刷得白里透红，再用世界上最好的植村秀（化妆品品牌）化妆工具和睫毛膏，让我本就卷翘的睫毛更加迷人、夺目。

我的脚指甲涂上了极好的金钟属植物颜料，手指甲被指甲油擦得十分精致，这是一种仅有细微变色的低成本保养。

我也会在我的脖颈或手腕处喷洒我喜欢的香水，无论发生什么，这是我每天都要做的事情。把香水洒在脖颈由法国的礼仪习惯（见面互相亲吻对方面部或颈部）决定，而后者则是为我自己。

我的内衣虽不是那么耀眼，但与我相衬。今天这件是深红色的，但不带任何花边或华丽的装饰。这种颜色正表达了我想要的那种神秘。

急于摆明的问题：来法国之前，在那个除了宠物狗再没其他人进来过的家庭办公室里，我在自己的装束上做过如此细致入微的努力吗？也许没有。但现在不一样了，到了这里，再也不是稍稍修饰就能把自己打扮妥当了，而且这么多年以来，我也早已把化妆看成一件让人愉悦的事了。

我得承认，我一直非常喜欢把大量的时间花在洗澡、化妆以及衣服和配饰的规划与摆放上。对我来说，为出行预设规划、做准备也是一种快乐。即使穿得简单，我也不会匆忙间穿上那些旧衣服（不管它们会不会有褶皱），搭配上打算要扔掉的内衣，那会让我感觉非常不舒服。这没有吸引力，也让人感觉很不好，装扮自己不需要理由。起床、出行就是我全部的理由。

现在让我来说说在法国居住这些年心理上和哲学认识上的一些转变。就像我非常欣赏法国女人对美丽实质的看法一样，我也非常认同她们的人生观。她们做任何事都从实际出发，当然，这并不妨碍她们做事的激情和浪漫，反而让她们有机会从绝望和过分奢靡的生活中解脱出来。

法国是一个万分敬重哲学家的国度，所以在高中阶段，哲学是一门必修课程。在法国，一个人似乎只有倾向于对人类行为有更全面、更深刻的看法才符合逻辑。从理论上，我发现这种观点非常有趣。当不愉快的事情尚未白热化时，我就试图要求自己从大局着想，变得宽宏大量，可这并不那么容易，但我对解决问题的方法从不盲目乐观，这已经让我变得比以前更宽宏大量，而不再动辄发脾气。其实遇事虚假刻薄、恶意相向要比厚道地处事更劳心费神。

再往下，我就要和你们分享一个列表了，你们知道我非常喜欢用列表记录我的规律生活中那些有形无形的事情，列表里我所相信的就是我在法国这些年生活的直接映射。

- 万事不求多，多了常常让人感到失望，甚至沮丧。
- 肯定身体上、意识里值得肯定的地方。
- 每个女人必定有值得她信任、促使她成功的背后推动者（女裁缝、理发师、鞋匠或者皮肤科医生，总之什么都行）。
- 一定要有自己的秘密。
- 我们是自己最好的投资者，所以最重要的就是不能迷失自我。
- 拒绝是一种解放，但有时学会拒绝就用了太多时间，过分拖延只会让自己苦不堪言。
- 附加准则：这不是人气比赛，我们不可能让所有人都喜欢我们。有句法语说得好啊，这就是生活。生活有很多无奈，工作、生活、事业、情感，一路走来，难免磕磕碰碰，说的就是这个道理。

· 每天喷洒香水，不需要特别的理由。

· 个人喜好：一年里，都要保持你的脚指甲光亮迷人，我已从这简单的习惯中得到了让人激动的快乐。

· 为生活中投资回报率高的物品或服务做好预算，比如美发、染发或两三个名贵包、偶尔的名牌鞋等。

· 忘记广告给我们的“诺言”，我们用合适的价格，在普通的药店同样可以买到最好的美容产品。

· 看皮肤科医生是必要的，并非奢侈。

· 有秩序的生活可以解除压力，避免混乱。

· 付诸努力等于收获快乐，这包括生活中的每一件事情，无论大小。比如每天将餐桌摆放得更漂亮些，每一顿饭吃得更健康些，在房间里摆上一些花束或盆景，以及将壁炉里的火燃起来等等，这些小事都应努力做好。

· 在对每件事做出反应之前都要停下来思考一下，一时高兴买下自己并不喜欢的东西，一秒钟就能吃完的马卡龙（法国的一种甜品），以及刹那间的恶语反驳都是冲动带来的恶果。

· 任何一种交流，每一次谈话都需要艺术。

· 反复穿让你感觉好又好看的衣服，它们会给你自信和力量。衣服不在多，质量是关键。

- 内衣的选择要非常慎重。
- 价格便宜的鞋子事实上非常昂贵。
- 如果我们在减肥，无须逢人就说。事实胜于雄辩。
- 比相对论更好的是双E准则：过量(Excess)+例外(Exception)=零增重，没什么过失，快乐的感觉也没有提升。就好比法国女人偶然觉得巧克力蛋糕适合某次盛宴，这意味着她只是在此次宴会上中意这块蛋糕而已，并不代表她们会将它变成自己的习惯。
- 女人的围巾不宜过多。
- 遵守规矩会让你更自由。

那么，什么才是美丽的终极秘诀？

我曾经问过我认识的法国女人，在她们看来年轻漂亮的秘诀是什么，无论处于哪个年龄段，基本上她们都会说是爱情。她们一定是想到了什么，因为最近杂志上的一篇文章曾谈到做爱给人的思想、身体以及皮肤带来的益处。

事实上不只如此，或者说尽管如此(或者说如果我们够幸运，能够遇到属于自己的爱情)，她们还是为这种程式的回答做了补充：美食、好酒、运动、不断的脑力训练、偶尔的放松消遣、深刻的友谊以及能够正确认识压力、焦虑和衰老的人生哲学，这些都能成为美丽的秘诀。

C'est la vie，法语“这就是生活”的意思，但在法国，它并不能随意、无目的地解释。通常，我听到有人这么说，我会理解为他会接受生活中任何一个艰难时刻，因为生活本就充满了悲伤与欢乐。但是这些从来不能阻止法国女人，特别是中年法国女人寻找快乐、寻求美丽的决心，无论何时，无论何地，只要她们具备这种能力。

让生活更积极、更有目的性，试问有什么比这种心态更年轻美丽的呢？

最后，我要说的不是抗衰老，因为不管我们做什么，都阻挡不了时间的脚步。我要说的全部就是好好照顾自己，随时调整我们的想法和态度（当然还有风格）。风格是一个人个性品格的无限延伸。像其他法国女人一样，我从不认为得不到别人的关心和关注，我的努力全都是不值得的。我知道只要我关心，别人迟早也会关心的。毕竟，能够用最好的面貌面对他人是每个女人最后的自然的补救，虽然有点无可奈何。希望寻求美丽秘诀的旅程中，你们都是幸运儿。

鸣谢

该从何说起呢?

写这本书是我生活中最离奇的经历之一。在采访中我是那么的快乐，非常感谢每个人都能抽出时间来与我交流，一些情况下，甚至是溺爱我，比如我做调查时的那些按摩课、化妆课还有他们给我的着装建议。

首先，感谢你们愿意坐下来读我这本书，也希望你们能像我享受写作的过程一样享受阅读它的快乐。

现在，让我介绍一下帮我完成这本书的相关人员。

没有贝蒂·卢·菲利普斯(Betty Lou Phillips)——我最最亲爱的朋友，就没有我这本书，这一言难尽，但我要永远感谢在这个过程中她对我的帮助和鼓励，这么说一点儿都不为过。

贝蒂·卢打电话给她的朋友，这个朋友把我介绍给洛朗·加利茨(Lauren Galit)，也就是我现在的经纪人。我的另一个作家朋友告诉我，洛朗是当今少有的经纪人，会亲自动手示范，偶尔还会手把手教授的一种专业人员。在给我建议的过程中，她给我鼓劲，也曾亲自为我核查。她一定知道我多么珍视她的真诚和我们之间的情谊。

从一开始，Rizzoli就是我的“梦想出版商”，有它在，我常常都会梦想成真。当我的编辑——凯瑟琳·杰伊斯(Kathleen Jayes)告诉我Rizzoli要出版我的书时，我当时的心情用“兴奋”一词来形容一点儿都不为过。与凯瑟琳一起工作的日子充满了欢乐，她的智慧、独到的见解以及精美的编辑都为这本书增色不少，所以我非常非常感谢她。

接着，我要感谢那些在我的博客上跟帖，耐心阅读我这本书的结构安排、内容设计的朋友们。尤其感谢亲爱的马尔西·巴克梅尔特（Marsi Buckmelter），他是在我刚开始写博客以及写这本书时都给我大力支持的人。同时还要感谢非常可爱的贾妮丝·瑞格斯（Janice Rigs），感谢你宝贵的支持和友善的话语。德布拉·沃尔夫（Debra Wolf）对我的帮助一直很大，也是我真正的朋友。德布·沙丝（Deb Chase）的技术支持对我来说非常珍贵。

谢谢！

Merci!

特别感谢德布·沙丝可爱的封面插图和利安娜·韦勒·史密斯（LeAnna Weller Smith）富有创造性的艺术指导。

另外，还有很多朋友对我来说十分重要，原因当然不用我多说，感谢你们：罗伯特·奥伦·巴特勒（Robert Olen Butler），阿特·茹安尼德（Art Joinnides），特里莎·麦科姆（Trisha Macolm），菲利普·米勒（Philip Miller），艾丽斯·布姆加特纳（Alice Bumgartner），詹姆斯·沃什伯恩（James Washburn）和萨拉·伯宁翰（Sarah Burningham）。

这里要特别感谢朱迪·迪博耶（Judy Diebolt），你是我这个世界上最好的朋友，感谢你一直陪着我，总能理解我，为我所做的一切。

也要感谢我的女婿威尔·弗莱彻（Will Fletcher），你滑稽、有魅力，也是我心中顶尖的多才作家。

永远难忘我生命中两个最爱的人：亚历山大和安德烈娅，没有你们，就没有我的一切。

“我们的
心理年龄
总是一样的。”
——格特鲁德·斯泰因